建筑施工特种作业人员安全技术培训教材

# 高处作业吊篮安装拆卸工

黑龙江省建设安全协会　主编



中国建材工业出版社
北　京

**图书在版编目(CIP)数据**

高处作业吊篮安装拆卸工/黑龙江省建设安全协会主编．--北京：中国建材工业出版社，2024.4

建筑施工特种作业人员安全技术培训教材

ISBN 978-7-5160-3950-2

Ⅰ.①高…　Ⅱ.①黑…　Ⅲ.①建筑施工—高空作业—安全培训—教材　Ⅳ.①TU744

中国国家版本馆 CIP 数据核字（2023）第 236171 号

**高处作业吊篮安装拆卸工**

GAOCHU ZUOYE DIAOLAN ANZHUANG CHAIXIEGONG

黑龙江省建设安全协会　主编

出版发行：中国建材工业出版社

地　　址：北京市海淀区三里河路 11 号

邮　　编：100831

经　　销：全国各地新华书店

印　　刷：北京雁林吉兆印刷有限公司

开　　本：850mm×1168mm　1/32

印　　张：5.125

字　　数：120 千字

版　　次：2024 年 4 月第 1 版

印　　次：2024 年 4 月第 1 次

**定　　价：26.00 元**

---

**本社网址：www.jccbs.com，微信公众号：zgjcgycbs**

# 《建筑施工特种作业人员安全技术培训教材》编审委员会

# 《高处作业吊篮安装拆卸工》编写组名单


主　　编：邱　冬　高文龙

编写成员：白震宇　梁芳芳　乔红东　刘明强
　　　　　唐文林　张佳奇　曹　博　魏振宇
　　　　　刘　波　杜维松　梁成楠　张　鹏
　　　　　丛　宇　张　宇

# 序　言

建筑施工特种作业危险性大，如操作不当或失误，易对操作者本人、他人及设备、设施造成重大危害，容易导致人身伤亡事故。加强建筑施工特种作业人员的专业培训教育，提高其技能水平，对于防止和减少生产安全事故，保障建筑施工安全生产具有重大意义。

本书编写人员主要依据《建筑施工特种作业人员管理规定》（建质〔2008〕75 号）、《关于建筑施工特种作业人员考核工作的实施意见》（建办质〔2008〕41 号），按照建筑施工特种作业人员分类和《建筑施工特种作业人员安全技术考核大纲》（试行），根据住房城乡建设部公告 2021 年第 214 号《房屋建筑和市政基础设施工程危及生产安全施工工艺、设备和材料淘汰目录（第一批）》的规定，以及建筑施工特种设备实际使用情况，遵循符合实际、注重实效的原则，编写了 10 本系列教材。其中，《特种作业安全生产基本知识》是综合性教材，适用于所有的建筑施工特种作业人员；其余 9 本为专业性用书，分别适用于建筑电工、普通脚手架架子工、附着式升降脚手架架子工、建筑起重司索信号工、塔式起重机司机、施工升降机司机、塔式起重机安装拆卸工、施工升降机安装拆卸工、高处作业吊篮安装拆卸工。

本系列教材主要用于建筑施工特种作业人员的业务培训和指导考核，也可作为专业院校和有关培训机构的建筑施工安全教学用书。本书虽经反复推敲，仍难免有不妥之处，敬请广大读者提出宝贵意见。

**本系列教材主编单位：**黑龙江省建设安全协会

**本系列教材参编单位：**中建三局集团有限公司

中建铁路投资建设集团有限公司

中建铁投轨道交通建设有限公司

中建铁投科技工程有限公司

中建六局水利水电建设集团有限公司

中国建筑第八工程局有限公司

黑龙江省黑建一建筑工程有限责任公司

哈尔滨哈飞建筑安装工程有限责任公司

华润置地（哈尔滨）房地产开发有限公司

哈尔滨万科企业有限公司

深圳（哈尔滨）产业园投资开发有限公司

黑龙江中阳建设工程监理有限公司

编审委员会

2023 年 4 月

# 前　　言

为提高建筑施工特种作业人员安全生产知识水平，增强安全生产意识和自我保护能力，确保取得“建筑施工特种作业操作资格证书”的人员具备独立从事相应特种作业工作能力，本书编写团队根据《特种作业人员安全技术培训教材编写方案》的要求编写了《高处作业吊篮安装拆卸工》一书。

高处作业吊篮安装拆卸工是建筑施工特种作业中的一个重要工种，工人如操作失误，容易对本人、他人及设备、设施造成重大危害。因此，结合其工作的特殊性，本书编写团队在编写本教材时，充分研究了建筑施工特种作业人员的岗位责任、文化水平、理解能力和接受能力，本着深入浅出、图文并茂、指导实践的原则，突出了专业性、针对性、时效性、实用性和知识性。本书分为上篇、下篇，内容包括吊篮分类、吊篮构造及参数、吊篮提升机、吊篮安全锁、吊篮钢丝绳、吊篮电气控制元器件、吊篮悬挂机构、吊篮安装和拆除、吊篮主要零部件、吊篮安全装置、吊篮的运行管理、吊篮的应急管理，共12章内容。

由于编写时间仓促，编者水平有限，书中难免存在疏漏和不足，敬请读者予以指正。

编　者
2023年4月

# 目　录

## 上篇　专业技术理论


**第一章　吊篮分类** ………………………………………… 3

第一节　了解吊篮类型 ………………………………… 3

第二节　了解吊篮标记方法 …………………………… 4

**第二章　吊篮构造及参数** …………………………………… 6

第一节　熟悉吊篮构造特点 …………………………… 6

第二节　熟悉吊篮主要参数 …………………………… 8

**第三章　吊篮提升机** ……………………………………… 10

第一节　熟悉提升机构造及性能 ……………………… 10

第二节　熟悉提升机工作原理 ………………………… 11

第三节　熟悉提升机调试方法 ………………………… 21

**第四章　吊篮安全锁** ……………………………………… 23

第一节　掌握安全锁构造 ……………………………… 23

第二节　掌握安全锁工作原理 ………………………… 24

**第五章　吊篮钢丝绳** ……………………………………… 29

第一节　掌握钢丝绳的性能 …………………………… 29

第二节　掌握钢丝绳的承载能力 …………………… 37

**第六章　吊篮电气控制元器件** …………………… 39

第一节　了解电气控制元器件的分类 …………… 39
第二节　了解电气控制元器件的功能 …………… 41

**第七章　吊篮悬挂机构** …………………… 44

第一节　掌握悬挂机构的结构 …………………… 44
第二节　掌握悬挂机构的技术要求 ……………… 46

# 下篇　安全操作技能

**第八章　吊篮安装和拆除** …………………… 51

第一节　掌握吊篮安装的方法和流程 …………… 51
第二节　掌握吊篮拆除的方法和流程 …………… 71

**第九章　吊篮主要零部件** …………………… 74

第一节　掌握主要零部件的性能和作用 ………… 74
第二节　掌握主要零部件的报废标准 …………… 81

**第十章　吊篮安全装置** …………………… 94

第一节　掌握安全装置的调试 …………………… 94
第二节　掌握作业人员安全绳的固定方法……… 101

**第十一章　吊篮的运行管理**…………………… 103

第一节　掌握吊篮的操作…………………… 103
第二节　掌握吊篮的自检…………………… 109
第三节　熟悉吊篮的维护保养……………… 120

**第十二章　吊篮的应急管理**……………………………… 128

第一节　了解吊篮的安拆事故原因及典型事故案例………………………………… 128

第二节　掌握常见故障和紧急情况的处置方法……… 140

**参考文献**……………………………………………………… 146

# 上　篇
# 专业技术理论

# 第一章　吊篮分类

## 第一节　了解吊篮类型

### 一、定义及用途

高处作业吊篮是建筑工程高空作业的一种建筑工具，其悬挑机构架设于建筑物或构筑物上，利用提升机构驱动悬吊平台，通过钢丝绳沿建筑物或构筑物立面上下运行。吊篮整体外观详见图 1-1-1。

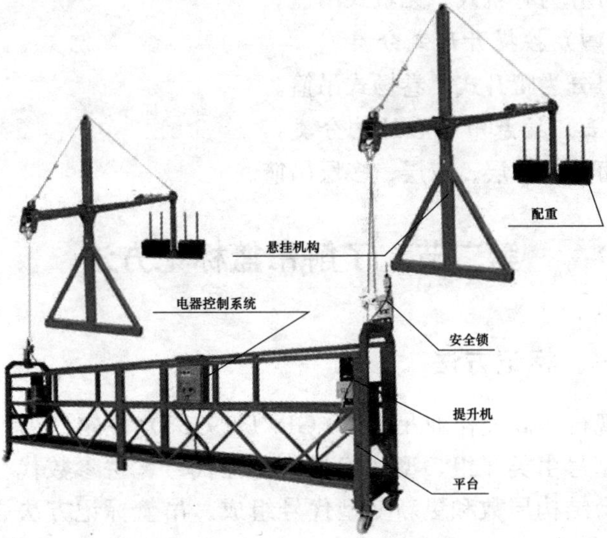


图 1-1-1　吊篮整体外观

吊篮主要用于高层和多层建筑的外墙施工、幕墙安装、保温施工和外墙维修清洗等高处作业，也可用于大型罐体、桥梁、大坝和船舶等工程的检查、维修、焊接、油漆等作业。

吊篮具有操作灵活、移位容易、方便实用、安全可靠等特点，可代替传统脚手架，作业工人劳动强度低，工作效率高。

### 二、分类

#### （一）按用途分类

可分为维修吊篮和装修吊篮。

#### （二）按驱动方式分类

可分为手动式、气动式、电动式吊篮。

#### （三）按悬挂机构安装方式分类

可分为有轨式、无轨式吊篮。

#### （四）按提升形式分类

可分为爬升式、卷扬式吊篮。

#### （五）按悬吊平台结构分类

可分为单层、双层、多层吊篮。

## 第二节　了解吊篮标记方法

### 一、标记方法

现行《高处作业吊篮》（GB/T 19155）规定：高处作业吊篮型号由类、组、型式代号、特性代号、主参数代号、悬挑平台结构层数和更新变型代号组成。吊篮标记方法详见图1-2-1。

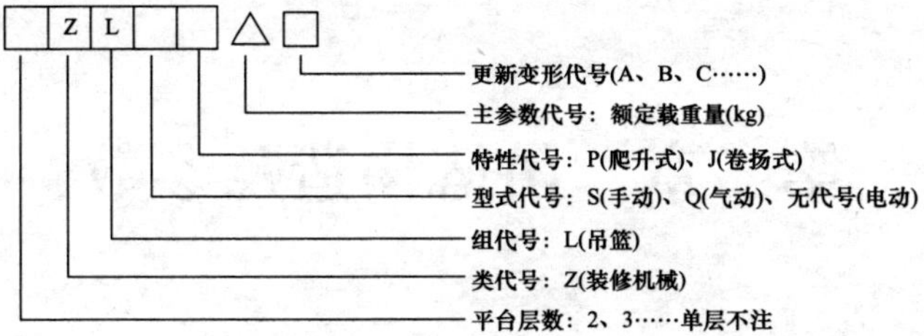


图 1-2-1　吊篮标记方法

## 二、标记示例

额定载重量 630kg 电动、单层爬升式高处作业吊篮，应标记为：高处作业吊篮 ZLP630 GB/T 19155。

额定载重量 300kg 手动、单层爬升式高处作业吊篮，应标记为：高处作业吊篮 ZLSP300 GB/T 19155。

额定载重量 500kg 气动、单层爬升式高处作业吊篮，应标记为：高处作业吊篮 ZLQP500 GB/T 19155。

额定载重量 800kg 电动、双层爬升式高处作业吊篮，应标记为：高处作业吊篮 2ZLP800 GB/T 19155。

额定载重量 800kg 电动、单层卷扬式高处作业吊篮，应标记为：高处作业吊篮 ZLJ800 GB/T 19155。

# 第二章　吊篮构造及参数

## 第一节　熟悉吊篮构造特点

高处作业吊篮主要由提升系统、悬挂机构、电气系统（手动吊篮无电气系统）3 部分组成。吊篮构造详见图 2-1-1。

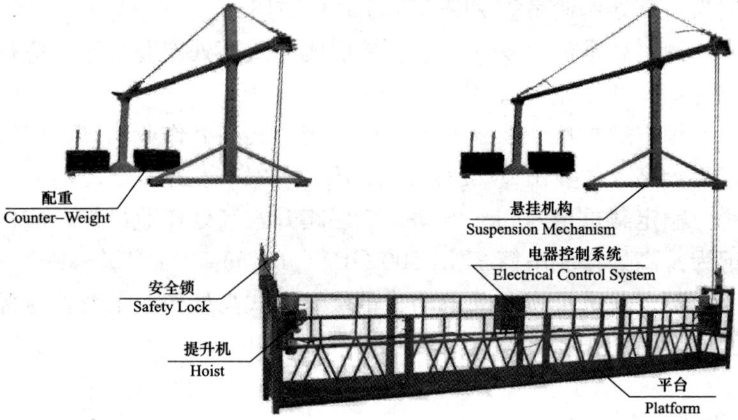


图 2-1-1　吊篮构造

### 一、提升系统

高处作业吊篮的提升系统由提升机、悬吊平台、钢丝绳、安全装置组成。

（一）提升机

按提升原理不同，提升机主要分为爬升式和卷扬式两种类型。国内建筑施工高处作业吊篮主要使用爬升式提升机，卷扬式提升机主要应用于擦窗机。

提升机按动力不同主要分为电动、气动、手动 3 种类型。国内高处作业吊篮主要使用电动提升机，少部分使用手动提升机，几乎不用气动提升机。

（二）悬吊平台

悬吊平台是高处作业吊篮承载作业人员、工具和物料等升空作业的封闭框架形篮状结构。悬吊平台主要由篮片、提升机安装架、篮底座组成。

悬吊平台按形状可分为矩形、圆形、环形、U 形、L 形等，按吊点数量可分为单吊点、双吊点、多吊点等，按平台层数可分为单层、双层、多层平台。

（三）钢丝绳

钢丝绳具有强度高、弹性大、韧性好、耐磨、耐久性强、能承受冲击荷载等优点。钢丝绳磨损后表面会产生很多毛刺，容易检查，便于预防事故发生，因此在起重吊装中被广泛应用。

爬升式高处作业吊篮利用钢丝绳的卷绕和摩擦所产生的动力实现平台的垂直升降，因此高处作业吊篮对钢丝绳有特殊要求。

（四）安全装置

高处作业吊篮安全装置包括安全锁、手动滑降装置、限位装置、防倾斜装置、超载检测装置。

## 二、悬挂机构

悬挂机构是架设于建筑物或构筑物上，通过钢丝绳悬挂悬吊平台的装置。

悬挂机构是悬吊平台生根的基础，一旦发生问题，后果不堪设想。高处作业吊篮事故统计数据表明，由于悬挂装置安装或使用不符合要求而引发的事故占高处作业吊篮事故总数的三分之一。

### 三、电气系统

高处作业吊篮电气系统主要由电控箱、制动电机、上限位开关、上极限开关、手持开关、电源电缆组成。

电气系统应有可靠接地，接地电阻应不大于4Ω。

## 第二节　熟悉吊篮主要参数

### 一、主要参数

现行《高处作业吊篮》（GB/T 19155—2017）规定："高处作业吊篮的主参数用额定载重量表示"。额定载重量是由制造商设计的平台能够承受的由操作者、工具和物料组成的最大工作载重量，单位是千克（kg）。高处作业吊篮主参数详见表2-2-1。

**表2-2-1　高处作业吊篮主参数系列表**

| 主参数 | 主参数系列 |
| --- | --- |
| 额定载重量（kg） | 120、150、200、250、300、400、500、630、800、1000、1250、2000、3000 |

### 二、其他参数

#### （一）额定速度

用额定载重量的平台，施加额定动力，在行程大于5m的条件下测量得到的上升和下降的平均速度，单位是米/分钟（m/min）。

(二) 总悬挂荷载

施加在悬挂装置悬挂点的静荷载，由平台的额定载重量和平台、附属设备、钢丝绳和电缆的自重等组成，单位是牛顿（N）。

(三) 极限工作荷载

由制造商设计的吊篮设备一部分允许承受的最大荷载，单位是牛顿（N）。

(四) 锁绳速度

防坠落装置开始锁住钢丝绳时，防坠落装置和钢丝绳之间的相对瞬时速度，单位是米/分钟（m/min）。

(五) 锁绳角度

防坠落装置自动锁住安全钢丝绳使平台停止倾斜时的平台地面与水平面的纵向角度，单位是度（°）。

(六) 钢丝绳安全系数

钢丝绳的最小破断拉力与最大工作静拉力的比值。

(七) 悬挂装置稳定系数

与倾覆力矩相乘的系数。

(八) 作业高度

平台作业的最高点与自然地平面的垂直距离，单位是米（m）。

# 第三章　吊篮提升机

## 第一节　熟悉提升机构造及性能

提升机是高处作业吊篮的动力装置，其作用是为悬吊平台上升与下降提供动力，并使悬吊平台能够停止在作业范围内的任意高度。

结合国内建筑施工高处作业吊篮的使用情况，本教材主要讲解爬升式提升机。

### 一、提升机构造

#### （一）手动爬升式提升机

手动爬升式提升机由减速机、压轮及导轮机构、拐臂、V形槽曳引进轮等组成。减速机详见图 3-1-1。

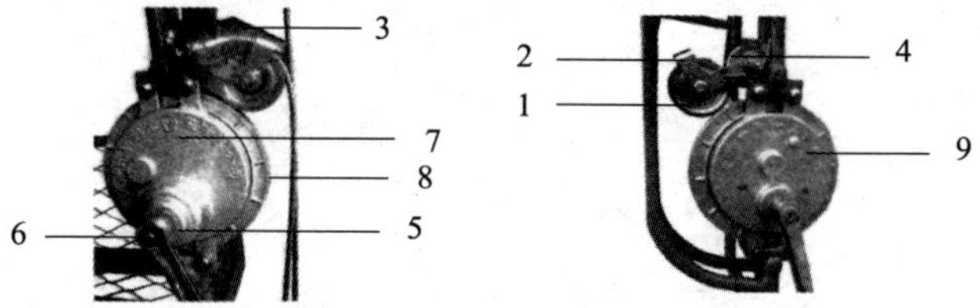


图 3-1-1　减速机

1—压轮；2—压轮架；3—防尘罩；4—导轮；5—拐臂；6—主轴；7—壳体；8—V形槽曳引进轮；9—注油孔

#### （二）电动爬升式提升机

电动爬升式提升机由电磁制动电动机、减速器和压绳组件组成。电动爬升式提升机详见图 3-1-2。

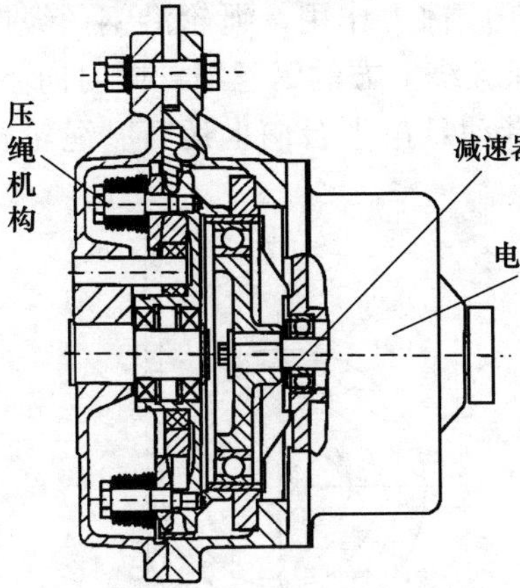


图 3-1-2　电动爬升式提升机

## 二、提升机性能

（一）手动爬升式提升机

手动爬升式提升机须设有闭锁装置，当提升机变换方向时，动作应准确、安全、可靠。

（二）电动爬升式提升机

电动爬升式提升机须装配手动滑降装置，该装置必须具有制动性能。当吊篮出现断电情况时，手摇驱动杆能使平台平稳下降，同时提升机还须设置减速器，其限速为 1.15～1.5（倍）的提升速度。

# 第二节　熟悉提升机工作原理

## 一、基本原理

爬升式提升机绳轮与缠绕其上的钢丝绳之间产生的摩擦

力相互作用，在旋转动力（手动或电动）作用下绳轮按顺时针方向转动。由于摩擦力作用，绳轮沿钢丝绳向上爬升。爬升过程中绳轮不断缠绕上方的钢丝绳，同时向下释放钢丝绳，通过提升机箱体带动悬吊平台向上运行。绳轮爬升原理详见图3-2-1。

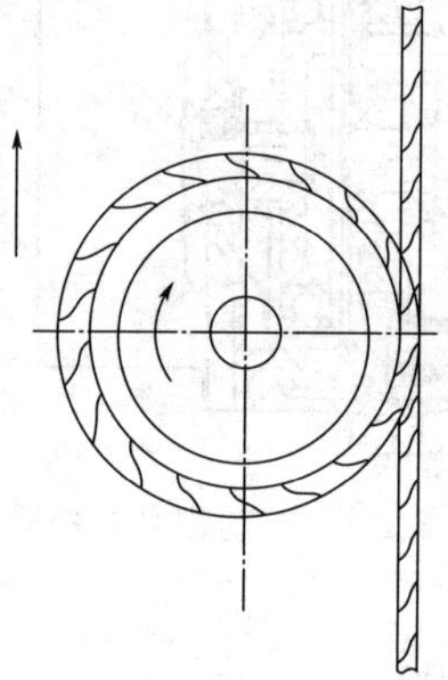

图 3-2-1　绳轮爬升原理图

## 二、动力来源

手动爬升式提升机是利用人力与钢丝绳相互作用产生曳引力，使悬吊平台沿钢丝绳上升、下降，取消外力后，吊篮自动停止上升或下降。

电动爬升式提升机由电动机提供动力，经减速器降低转速并增加扭矩后带动绳轮旋转。在压绳组件的作用下，使绳轮与缠绕在其上的钢丝绳之间产生摩擦力，带动悬挑平台上升或下降。

## 三、绕绳与压绳方式及特点

### （一）绕绳方式及特点

1. 常用绕绳方式

爬升式提升机按钢丝绳在机内的缠绕方式不同分为“α”

形绕法和“S”形绕法两种。常用绕绳方式详见图 3-2-2。

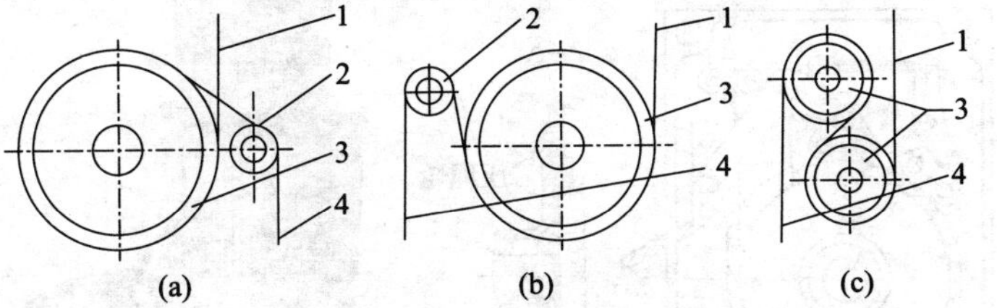


图 3-2-2　常用绕绳方式

(a)“α”形绕法；(b)(c)“S”形绕法

1—入绳；2—导绳轮；3—绳轮；4—出绳

2. “α”形绕绳方式的特点

钢丝绳在提升机内以“α”形缠绕在绳轮上，钢丝绳从提升机内穿过时只向一个方向弯曲，承受脉动疲劳荷载，与交变荷载相比不易疲劳破坏，可延长钢丝绳使用寿命。

3. “S”形绕绳方式的特点

“S”形绕绳提升机内有两个绳轮，钢丝绳在提升机内以“S”形缠绕在两个绳轮上。缺点是钢丝绳在提升机内向两个方向交替弯曲，承受交变疲劳荷载容易疲劳破坏。优点是由于经过两个绳轮缠绕，钢丝绳的包角较大可提供更大摩擦力。

(二) 压绳方式及特点

1. “α”形径向压绳式提升机

如图 3-2-3 所示，钢丝绳从上方入绳口进入提升机后，传入绳轮 V 形槽内，缠绕绳轮将近一圈后，由提升机右侧出绳口排出，钢丝绳在提升机内运动轨迹呈“α”形。

压绳轮在摆杆的杠杆力作用下，由径向将钢丝绳压向绳轮 V 形槽。摆杆的杠杆力来自弹簧力和由提升力产生的钢丝绳侧向力（该力使摆杆逆时针方向转动，使压轮产生径向压紧力）。

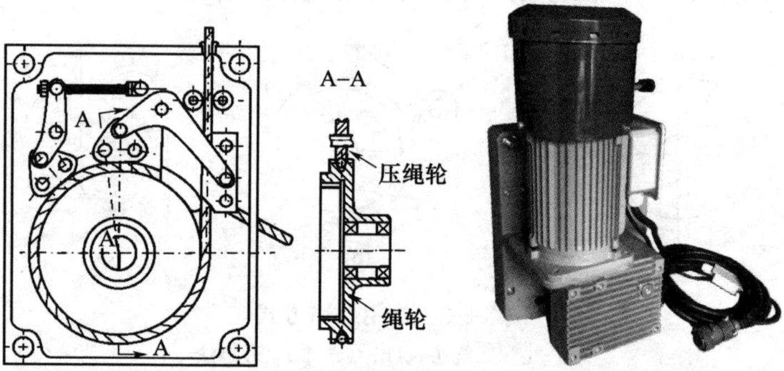


图 3-2-3　“α”形径向压绳式提升机

2. “α”形轴向压绳式提升机

如图 3-2-4 所示，钢丝绳从入绳口进入提升机内的绳轮 2 与压盘 1 之间，被轴向压紧，绕绳轮转动一圈后，由出绳口排出，其运动轨迹呈“α”形。绳轮与压盘之间的轴向压紧力由十余组圆周均布的碟形弹簧 3 提供。在绳轮与压盘之间设有胀

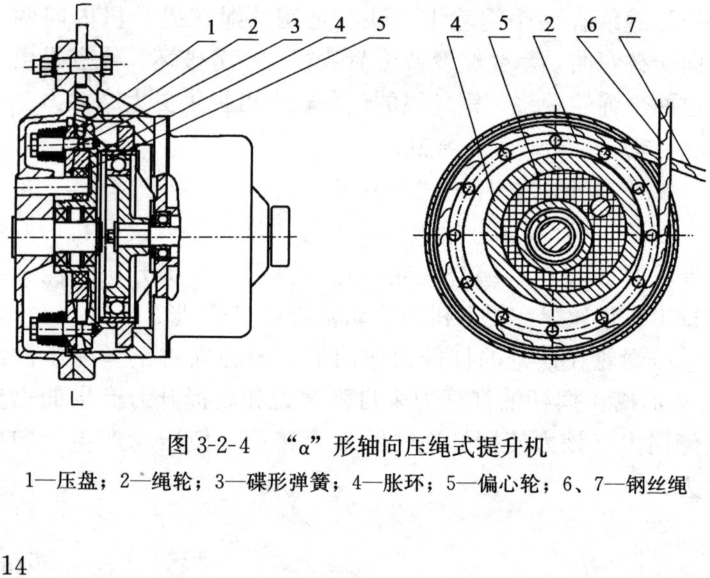


图 3-2-4　“α”形轴向压绳式提升机

1—压盘；2—绳轮；3—碟形弹簧；4—胀环；5—偏心轮；6、7—钢丝绳

环 4，胀环在偏心轮 5 的作用下偏向提升机进绳口和出绳口一侧，将此处压盘撑开，加大了此处绳槽的张开程度。其作用是使钢丝绳在进出绳口处不被夹紧，便于进绳和出绳，与此处相对称的区域则为夹绳区。

“α”形轴向压绳的特点是钢丝绳进入提升机后被逐渐夹紧产生提升力，然后钢丝绳逐渐被放松由出绳口排出。由于钢丝绳在提升机内的夹紧和放松是逐渐过渡的，夹持力比较柔和，而且钢丝绳在绳槽内无滑移现象，所以钢丝绳表面磨损小，使用寿命长。

3. “S”形轴向压绳式提升机

如图 3-2-5 所示，钢丝绳进入提升机后，先缠绕在下部的绳轮上边绕边被压紧，然后向上绕过上部绳轮边绕边放松，最后由出绳口排出。钢丝绳在机内运动轨迹呈“S”形。在两个绳轮上均设有压盘，其夹绳方式与轴向压紧式“α”提升机的夹绳方式类似。

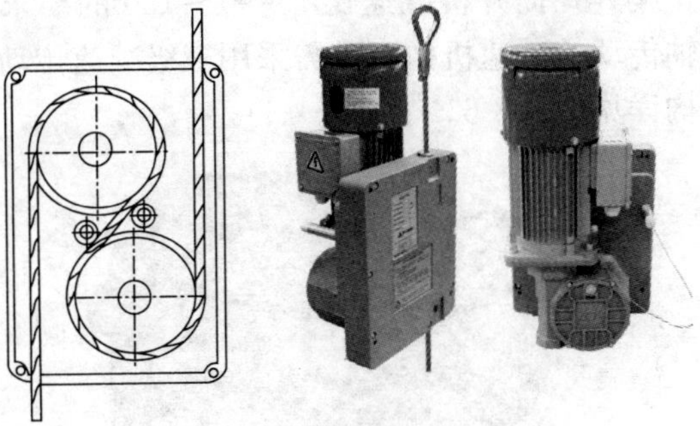

图 3-2-5　“S”形轴向压绳式提升机

## 四、提升机减速方式与特点

### （一）提升机减速部分的要求与特点

1. 传动比大

提升机的绳轮转速一般在 10～15r/min 范围内，而电动机转速为 1400r/min 以上，必须经过减速部位减速增扭之后方可使之匹配。由减速比公式 $i=n_1/n_2$（$n_1$为电动机转速，$n_2$为绳轮转速）计算得出，爬升式提升机所需减速比 $i=90\sim150$。一般一级齿轮传动的传动比不超过 7，蜗杆传动的传动比超过 40 则传动效率很低，而且会自锁。由此可见，爬升式提升机减速部分的传动比大是其特点之一。

2. 质量轻

爬升式提升机随悬吊平台一同升降，提升机的自身质量直接影响高处作业吊篮的有效荷载。另外，高处作业吊篮属于非常设备设施，需频繁拆装移位，所以要求各部件质量尽可能轻。就提升机而言，减速部分占其自重的比重较大。因此追求结构紧凑、质量轻、效率高的传动方式是其特点之二。

（二）爬升式提升机常见减速机构

1. 圆柱齿轮减速机构

为满足爬升式提升机减速比 $i=90\sim150$ 的要求，采用圆柱齿轮定轴传动的减速机构至少需采用三级减速传动。圆柱齿轮减速机构详见图 3-2-6。

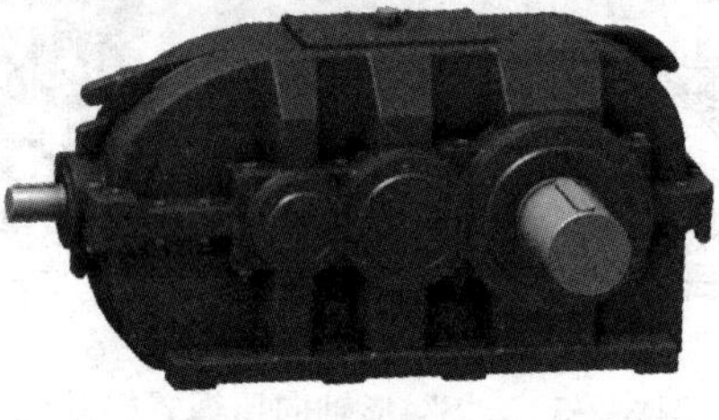

图 3-2-6　圆柱齿轮减速机构

三级圆柱齿轮传动的优点是加工简单、成本较低；缺点是零件数量多、质量大、噪声大。

2. 行星齿轮减速机构

采用行星齿轮的减速机构，一般只需二级减速传动即可满足传动比要求。行星齿轮减速机构详见图 3-2-7。

图 3-2-7　行星齿轮减速机构

行星齿轮传动的优点是结构比较紧凑，噪声较小，传动效率高；缺点是零件数量较多，加工精度要求较高，价格较高。

3. 蜗杆减速机构

采用蜗杆减速机构，只需二级减速传动。蜗杆减速机构详见图 3-2-8。

图 3-2-8　蜗杆减速机构

蜗杆减速机构的优点是结构紧凑，零件较少，成本低，噪声低；缺点是传动效率低，使用寿命短。

经过改进的蜗杆材料和参数，合理使用润滑油后，蜗杆减速机构的特性大为改善，目前被高处作业吊篮行业广泛应用。

4. 谐波齿轮减速机构

谐波齿轮减速机构由谐波发生器、薄壁轴承、柔轮和钢轮等零件组成，只需一级减速传动即可满足要求。谐波齿轮减速机构详见图 3-2-9。

图 3-2-9　谐波齿轮减速机构

谐波齿轮减速机构的优点是结构非常紧凑，零件少，体积小，质量轻；缺点是高频噪声大，加工精度要求高，需专业设备进行加工。

## 五、电动爬升式提升机的动力部分

电动爬升式提升机绝大多数采用制动电机作为动力，只有少数进口高处作业吊篮的提升机采用普通电动机作为动力，后者需另配制动器。

国产高处作业吊篮配备的制动电机分两大类，一类是普通 Y 系列立式制动电机，另一类是盘式制动电机。

### （一）普通 Y 系列立式三相异步制动电机

1. 基本结构

如图 3-2-10 所示，Y 系列三相异步制动电机主要由定子 1、转子 2、摩擦盘 3、衔铁 4、松闸手柄 5、弹簧 6 和励磁电圈 7 组成。

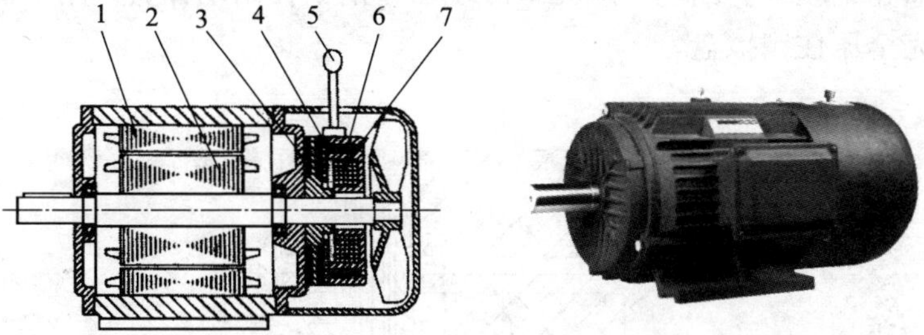


图 3-2-10　Y 系列三相异步制动电机

1—定子；2—转子；3—摩擦盘；4—衔铁；
5—松闸手柄；6—弹簧；7—励磁电圈

2. 工作原理

接通三相电源后，在定子上产生旋转磁场，在转子上产生电磁转矩使转子带轴转动。与此同时，经过降压整流后的直流电源接通励磁电圈，使之产生轴向电磁吸引力，吸引衔铁克服弹簧力，松开摩擦盘解除制动。

断电时，电磁转矩与电磁吸引力同时消失。在弹簧力作用下衔铁将摩擦盘压紧在制动盘上。在摩擦力矩作用下摩擦盘带动电机轴停止转动。该制动器属于常闭式制动器，在通电时释放制动器。

扳动松闸手柄可以手动释放制动器，用于悬挑平台手动滑降时操作。

3. 电磁制动器的调整

电磁制动器衔铁与摩擦盘之间的间隙 $D$ 应在 0.6～0.8mm 范围内，其结构见图 3-2-11。

调整方法：先松开电磁吸盘 2 上的内六角安装螺钉 1，转动中空螺钉 4，调整好间隙。四周间隙应尽量调得均匀，最后重新拧紧安装螺钉 1。

通电检查电磁制动器的衔铁动作，衔铁吸合后必须与摩擦盘完全脱开。断电后应无卡滞现象，衔铁在制动弹簧作用下能完全压住摩擦盘。

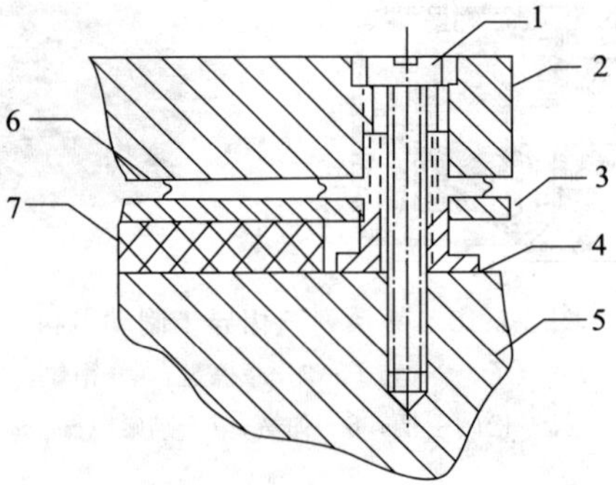


图 3-2-11　电磁制动器的调整

1—安装螺钉；2—电磁吸盘；3—衔铁；4—中空螺钉；
5—电机端盖；6—弹簧；7—摩擦盘

### （二）三相盘式制动电动机

三相盘式制动电动机为全封闭、自冷式，定子、转子均为圆盘状。其转子上装有圆盘式的制动环，故轴向尺寸很短，只是普通三相异步电动机长度尺寸的三分之一左右。

如图 3-2-12 所示，三相盘式制动电机主要由定子 1、转子 2、制动环 3、制动弹簧 4、轴 5 和松闸手柄 6 组成。

其工作原理是：接通三相电源后，在定子中产生轴向旋转磁场，并在转子的导磁条中感应出电流产生旋转磁场，转子与定子之间相互作用而产生电磁转矩。与此同时，定子对转子产生轴向电磁吸引力，克服制动弹簧力，使转子上的制动环与静止的机壳摩擦面分离，解除制动，使转子带动电机轴自由转动。断电时，电磁转矩与轴向吸引力同时消失，在制动弹簧的作用下，制动环与机壳摩擦产生制动力矩，使电机立即停止转动。

该制动器属于常闭式制动器，设有松闸手柄，用于悬吊平台手动滑降。

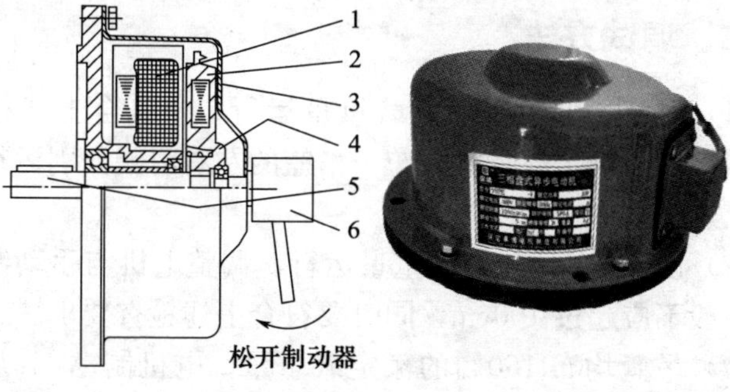


图 3-2-12　三相盘式制动电机

1—定子；2—转子；3—制动环；4—制动弹簧；5—轴；6—松闸手柄

# 第三节　熟悉提升机调试方法

高处作业吊篮提升机安装完毕后，应对提升机的结构装配和性能进行检查和调试，正常后方可使用。

## 一、检查内容

（1）检查提升机与悬吊平台上的固定架连接是否牢固、垂直。

（2）检查钢丝绳的穿绳情况，传动过程不能出现卡绳、松股、死结等现象。

（3）检查电气系统中电器元件的灵敏性和可靠性，各限位开关是否正常、减速机构运行是否正常、电机启（制）动是否正常。

（4）在检查的同时测量吊篮的运行速度，其数值应接近标称值。

（5）手动锁绳应安全可靠，在正常情况下能手动锁住安全钢丝绳。

## 二、调试方法

（1）吊篮先以均布额定载重量运行，要符合上述检查要求，然后再以额定载重量分布于吊篮的左右两侧分别运行，要符合上述检查要求。

（2）以125%的额定载重量运行，调整电机与手动制动距离，一般不应超过100cm，同时要符合上述检查要求。

（3）吊篮均布150%的额定载重量，电机制动1h后，吊篮向下滑移距离不得大于10cm。

（4）额定载重量工作时，距离噪声源1m处，噪声量声值不大于85dB（A）。

（5）额定载重量工作时，测算电机的输出功率应小于电机额定功率。

（6）吊篮均布150%额定载重量，1h后安全锁锁绳滑移距离不能大于2mm。

# 第四章　吊篮安全锁

## 第一节　掌握安全锁构造

### 一、安全锁的作用

安全锁是高处作业吊篮的安全保护装置，其作用是在高处作业吊篮升空作业时，一旦提升机失效，悬吊平台下降失控或工作钢丝绳破断，造成平台过度倾斜或坠落时，安全锁会立即锁定在安全钢丝绳上，避免悬吊平台倾翻或坠落。

### 二、安全锁的分类

按触发机构不同，安全锁分为离心触发式安全锁、摆臂防倾式安全锁、断绳保护式安全锁三种。

早期国产高处作业吊篮全部使用离心触发式安全锁，自20世纪90年代末，国内研制出摆臂防倾式安全锁之后，大部分吊篮制造厂相继采用了摆臂防倾式安全锁。断绳保护式安全锁只能与手动吊篮配套使用。

### 三、安全锁的构造

安全锁主要由锁绳机构、触发机构和壳体三部分组成，除触发机构各不相同之外，安全锁的锁绳机构基本相同。

# 第二节　掌握安全锁工作原理

## 一、锁绳机构的构造及工作原理

如图 4-2-1 所示，安全锁的锁绳机构主要由绳夹 1、套板 2、预紧弹簧 3 和定位轴 4 等零件组成。

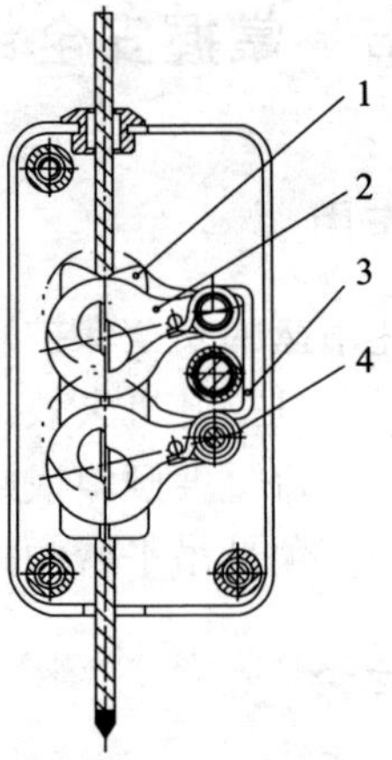


图 4-2-1　锁绳机构

1—绳夹；2—套板；3—预紧弹簧；4—定位轴

绳夹内侧纵向有一条半圆槽，用于增加与钢丝绳的接触面积，其左右两侧各有两个半圆形耳状凸台，用于与套板上的双半月形孔配合。

套板尾部圆孔套装在定位轴上，套板头部的双半月形孔套装在两绳夹的各一个耳状凸台上。

在预紧弹簧作用下，套板绕定位轴顺时针转动，双半月孔则强制两绳夹相互靠拢，两绳夹便将穿过其纵向半圆槽内的钢丝绳初步夹持住。

当钢丝绳向上拉动时，在摩擦力的作用下，带动绳夹向上运动，在套板双半月孔的楔面作用下，两绳夹便夹紧钢丝绳，而且形成自锁效应（即钢丝绳向上拉力越大，两绳夹夹持钢丝绳的夹紧力越大）。

只有当外力作用在套板上方，使其逆时针转动时才能松开绳夹。

## 二、触发机构的构造及工作原理

### （一）离心触发机构

如图 4-2-2 所示，离心触发机构主要由楔块 1、拨杆 2、离心甩块 3、弹簧 4、测速轮 5、压紧轮 6 组成。

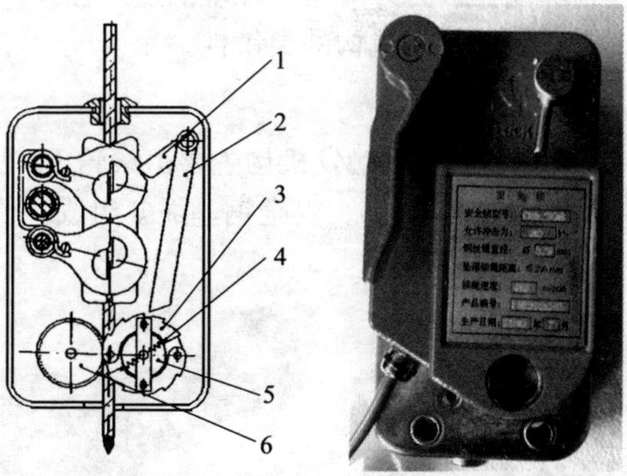


图 4-2-2　离心触发机构

1—楔块；2—拨杆；3—离心甩块；4—弹簧；5—测速轮；6—压紧轮

该锁属于常开式安全锁，在未被触发之前，锁绳机构被楔块撑住，处于张开状态，安全钢丝绳从测速轮与压紧轮之间穿过。

当安全锁随悬吊平台下降时，钢丝绳带动测速轮顺时针转动。对称分布在测速轮上的一对离心甩块被一对拉簧拉住随测速轮一起转动。

当悬吊平台下降速度增大，测速轮的转速也相应增高，离心甩块上的离心力也随之增大。当悬吊平台下降速度达到安全锁设定的锁绳速度（不大于 30m/min）时，离心甩块克服弹簧拉力向外甩出，击打其上方的拨杆。拨杆带动与其同轴联动的楔块转动。楔块便解除对安全锁锁绳机构的约束。锁绳机构在预紧弹簧的作用下锁住安全钢丝绳，避免悬吊平台超速下降或坠落。

离心触发式安全锁有其特定的应用场合，如单吊点、多吊点以及弧形、折角型等异型悬吊平台必须采用该种安全锁。其缺点是抗干扰性差，例如悬吊平台工作时，人员走动过猛，都可能触发其锁绳动作。另外对恶劣环境的适应性差，锁内如进水或积尘，会影响其触发机构的灵敏性。

（二）摆臂触发机构

如图 4-2-3 所示，摆臂触发机构主要由滚轮 1、摆臂 2、压杆 3、绳夹 4、工作钢丝绳 5、安全钢丝绳 6 组成。

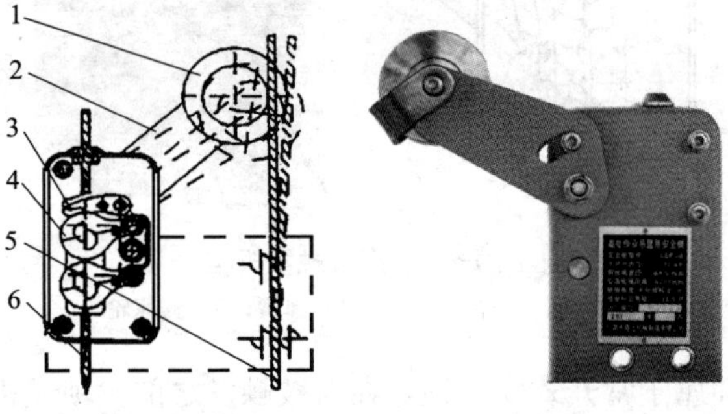


图 4-2-3　摆臂触发机构

1—滚轮；2—摆臂；3—压杆；4—绳夹；5—工作钢丝绳；6—安全钢丝绳

该锁属于常闭式安全锁，在自由状态下，其锁绳机构是锁住钢丝绳的。

当悬吊平台处于水平位置时，滚轮受到工作钢丝绳的侧向压力，使摆臂向上抬起。摆臂经杠杆增力后使压杆向下压住锁绳机构，并且强制锁绳机构松开安全钢丝绳，使悬吊平台正常升降运行。

当悬吊平台向下运行并发生倾斜时，其低端的工作钢丝绳与安全钢丝绳的中心距变大。当悬吊平台倾斜达到锁绳角度 α 时，工作钢丝绳与安全钢丝绳的中心距增大到一定数值，此时滚轮和摆臂在重力和弹簧力的共同作用下向下摆动，使压杆向上抬起，解除对锁绳机构的压迫，使其恢复锁绳状态，制止悬吊平台继续向下倾斜。

当解除悬吊平台的倾斜状态后，在工作钢丝绳的测压下安全锁便自动解除锁绳状态。

当工作钢丝绳突然破断时，由于滚轮失去了侧向压力，安全锁便立即锁住安全钢丝绳，避免发生坠落事故。

由此可见摆臂防倾式安全锁的触发机构是一种角度探测机构。

摆臂防倾式安全锁优点是零件少，结构简单，抗干扰性强，对恶劣环境的适应性强，可在施工现场便捷地进行锁绳性能的定向自测；缺点是只能应用于双吊点悬吊平台。

（三）断绳保护式安全锁

如图 4-2-4 所示，该锁属于常闭式安全锁，无触发机构，只有手动开锁机构。

手动开锁机构由锁外的复位杆与锁内的压杆组成。当悬吊平台升降时，用手向上扳动复位杆，复位杆带动同轴的压杆向下压迫锁绳机构，强迫绳夹松开安全钢丝绳，使安全锁随平台升降。

当平台停在空中时，复位杆自然下垂，锁绳机构便仍将钢丝绳锁紧，放置工作钢丝绳破断时，悬吊平台自由坠落。

手动断绳保护式安全锁优点是结构非常简单，缺点是只能与手动提升机配套使用。

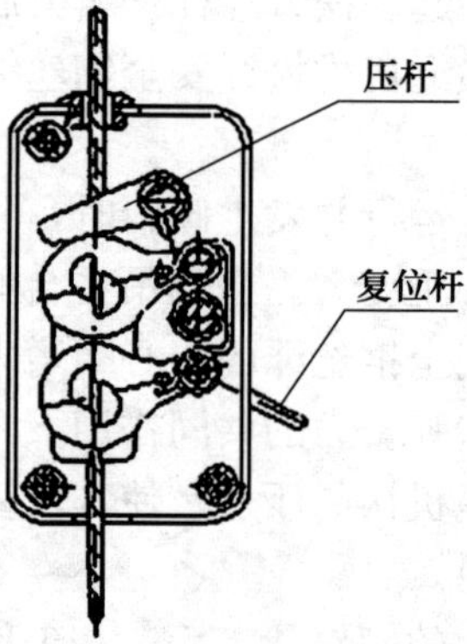


图 4-2-4　手动断绳保护式安全锁

# 第五章　吊篮钢丝绳

## 第一节　掌握钢丝绳的性能

### 一、钢丝绳概述

#### （一）钢丝绳基本构造

除单股钢丝绳以外，一般钢丝绳均由多支绳股捻制而成，称为多股钢丝绳。多股钢丝绳先由多根钢丝捻制成绳股，然后再由多支绳股捻制成钢丝绳。

如图 5-1-1 所示钢丝绳由绳股 1、钢丝 2、股芯 3 和绳芯 4 组成。

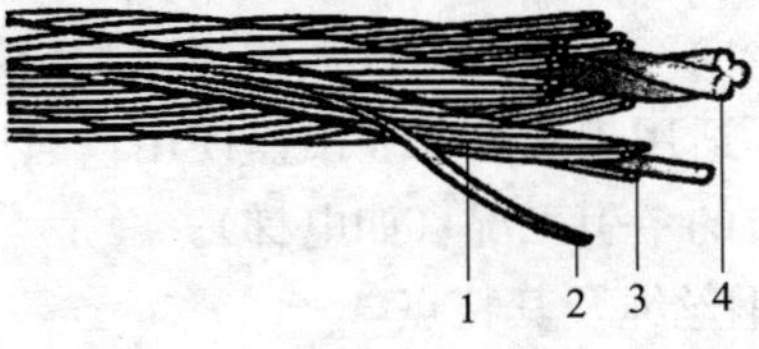


图 5-1-1　钢丝绳的构造

1—绳股；2—钢丝；3—股芯；4—绳芯

#### （二）钢丝绳的捻向

按股捻成绳的方式不同，钢丝绳分为右捻绳和左捻绳。

按股与绳的捻制方向不同，钢丝绳分为同向捻（股与绳的捻制方向一致）和交互捻（股与绳的捻制方向相反）两种。

如图 5-1-2 所示，(a) 为右交互捻（绳右捻，股左捻），用代号 ZS 表示；(b) 为左交互捻（绳左捻，股右捻），用代号 SZ 表示；(c) 为右同向捻（绳与股均为右捻），用代号 ZZ 表示；(d) 为左同向捻（绳与股均为左捻），用代号 SS 表示。

(a)　(b)　(c)　(d)

图 5-1-2　钢丝绳的捻向

(a) 右交互捻（ZS）；(b) 左交互捻（SZ）；
(c) 右同向捻（ZZ）；(d) 左同向捻（SS）

1. 同向捻钢丝绳及其特点

同向捻又称顺捻。其外观特征是外层钢丝方向与钢丝绳纵轴交叉，表面平滑。

由于股与股之间的钢丝接触良好，所以同向捻钢丝绳挠性好，比较柔软，与滑轮接触面积大，耐磨损，使用寿命长。但由于绳与股的捻向一致，具有较强的回弹旋转趋势，容易松散并扭转，因此不适用于高处作业吊篮使用，只适用于具有导向装置且始终受拉的牵引工况（如电梯）。

2. 交互捻钢丝绳及其特点

交互捻又称逆捻。其外观特征是外层钢丝方向与钢丝绳纵向轴线几乎平行。

由于股与股之间的钢丝接触面小，所有交互捻钢丝绳挠性差，易磨损。但由于绳与股的捻制方向相反，回弹旋转作用相互抵消，所以不易旋转松散，适用于高处作业吊篮、塔式起重机等起重吊装设备使用。

## 二、常用钢丝绳的类型

常用钢丝绳按钢丝之间的接触形式不同，分为点接触、线接触、面接触三种形式。

不同形式钢丝绳的特点：

（1）点接触式钢丝绳

制造成本低、价格便宜，但磨损快，使用寿命短。

（2）面接触式钢丝绳

承载能力大，磨损小，使用寿命长，但采用非圆截面钢丝，制造成本高，价格昂贵，一般应用于重要场所。

（3）线接触式钢丝绳

介于点接触式钢丝绳和面接触式钢丝绳之间，综合性能适中、性价比高。

高处作业吊篮一般采用线接触式钢丝绳。

## 三、爬升式吊篮钢丝绳的特点

高处作业吊篮用钢丝绳因为工作状态比较特殊，所以应具备以下几个特点。

### （一）表面应无油

由爬升式高处作业吊篮的工作原理所决定，钢丝绳与绳轮之间的包角较小（“S”形绕法包角不足两周，“α”形绕法不足一周），摩擦力有限，为获得较大摩擦力，所以钢丝绳表面不得涂油，甚至不宜沾油。

### （二）表面应镀锌

由于无油钢丝绳容易锈蚀，影响其使用寿命和安全性，所以爬升式高处作业吊篮所用钢丝绳的钢丝表面应有良好的镀锌层加以保护。

### （三）应采用硬芯钢丝绳

由于爬升式高处作业吊篮用钢丝绳在绳轮上被缠绕、被压紧的工作状况非常恶劣，在弯曲的同时还要承受多个方向的夹紧和碾压。如果采用普通植物纤维芯钢丝绳，其横截面将被压扁变形，所以必须采用钢丝芯或尼龙芯等硬芯钢丝绳。

（四）应选用优质专用钢丝绳

如果钢丝绳捻制不紧密或各股捻制不均匀，则容易使钢丝绳发生松股或笼状现象。而钢丝绳在提升机内的通道非常狭窄，因此松股或产生笼状，则极易引发“憋绳”（钢丝绳卡在提升机内）故障，因此爬升式高处作业吊篮必须选用捻制均匀、紧密的优质钢丝芯钢丝绳。

随着在施工现场使用量的不断增加，高处作业吊篮在国民经济中所占地位也在不断提高。国家工业与信息化产业部组织中国钢铁工业协会专门编制了《高处作业吊篮用钢丝绳》（YB/T 4575），为高处作业吊篮选用钢丝绳提供了标准依据。

## 四、高处作业吊篮用钢丝绳的选用

（一）钢丝绳型式的选用

高处作业吊篮用钢丝绳通常选用右交互捻线接触式钢丝绳，其理由有以下几点。

（1）左捻钢丝绳仅限于在左旋带槽卷筒上使用，右捻钢丝绳最常用（标准规定右旋不必标注），因此爬升式高处作业吊篮选用右捻钢丝绳，便于采购。

（2）线接触式钢丝绳的钢丝之间接触应力较小，挠性好，使用寿命较长；捻制较密实，不易被压扁；破断拉力比点接触式大；性价比高，因此爬升式高处作业吊篮选用线接触式钢丝绳。

（3）爬升式高处作业吊篮的钢丝绳在工作中处于自由悬垂状态，并且钢丝绳在绳轮之间受到挤压作用，存在着强烈的旋转趋势，显然必须采用交互捻钢丝绳。

（二）钢丝绳型号的选用

1. 适用于轴向压绳式提升机的钢丝绳型号

与8股或4股钢丝绳相比较，6股钢丝绳的结构更稳定；与4股钢丝绳相比较，6股钢丝绳的横截面钢丝充满率更高（即相同公称直径的破断拉力更大）。因此，对于轴向压绳式提升机，选用6股钢丝芯或钢丝绳芯钢丝绳最为适宜。

2. 适用于径向压绳式提升机的钢丝绳型号

6股钢丝绳虽然比4股钢丝绳具有结构稳定、横截面充满率高等有点，但是径向夹绳比轴向夹绳对钢丝绳的碾压力大得多，在高强度碾压过程中，钢丝绳的外层绳股会伸长，而绳芯基本无变化，两者之间会产生长度差。当长度差聚集到一定程度时，会使钢丝绳局部产生“鼓状”变形，极易造成提升机的“憋绳”故障。

因此，径向压绳式提升机不宜采用6股结构的钢丝绳。而4股钢丝绳采用的是纤维芯，纤维芯具有一定的可塑性，可以有效地消除钢丝绳外层绳股与绳芯伸长不一致的弊端。

（三）钢丝绳规格的选用

钢丝绳的规格由其公称直径表示。

公称直径的选定取决于所需钢丝绳的破断拉力，其计算公式如下：

$$Z_p = F_0 / S$$

式中　$Z_p$——安全系数；

$F_0$——钢丝绳最小破断拉力，单位为千牛（kN）；

$S$——钢丝绳最大工作静拉力，单位为千牛（kN）。

现行《高处作业吊篮》（GB/T 19155）中规定：“单作用钢丝绳悬挂系统的安全系数 $Z_p$ 应不小于8；双作用钢丝绳悬挂系统的安全系数 $Z_p$ 应不小于12”。

单作用钢丝绳悬挂系统是指两根钢丝绳固定在同一悬挂位置，一根承担悬挂荷载，另一根为安全钢丝绳。

双作用钢丝绳悬挂系统是指两根钢丝绳固定在同一悬挂位置，每根既承担部分悬挂荷载，又承担安全保护作用。

施工现场使用的高处作业吊篮属于单作用钢丝绳悬挂系统，其安全系数 $Z_p \geqslant 8$。

（四）钢丝绳的标记方法

如图 5-1-3 所示，结构形式 6×19（6 股钢丝、每股 19 根钢丝）、直径为 15.5mm、钢丝公称抗拉强度为 1600MPa 的钢丝绳，标记为 6×19＋1-15.5-1600。

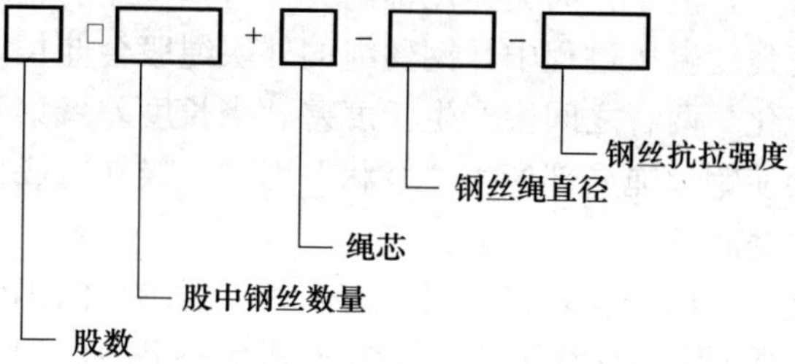


图 5-1-3　钢丝绳标记方法

高处作业吊篮中常用的钢丝绳结构有：

6×19S＋IWR，6×19W＋IWS，6×19W＋IWR（适用轴向夹绳方式），如图 5-1-4 所示；

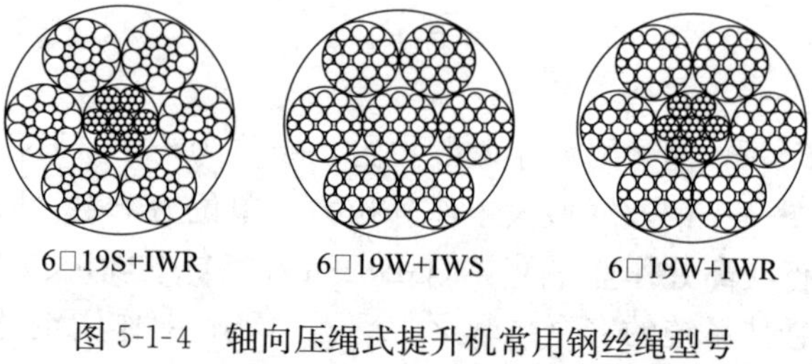


图 5-1-4　轴向压绳式提升机常用钢丝绳型号

4×25Fi＋PP，4×31SW＋PP（适用径向夹绳方式），如图 5-1-5 所示；

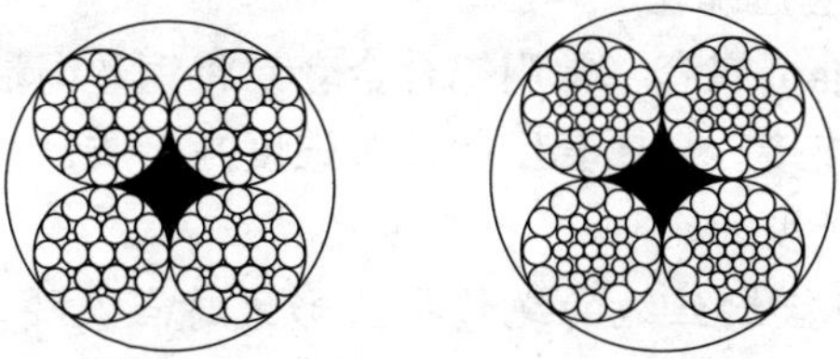

4□25Fi+PP　　　　4□31SW+PP

图 5-1-5　径向压绳式提升机常用钢丝绳型号

其中 S 表示绳股的结构为外粗型，W 表示绳股的结构为粗细型，IWR 表示绳芯为多股结构，IWS 表示绳芯为单股结构，Fi 表示绳股的结构为填充式，PP 表示绳芯为合成纤维结构。

## 五、高处作业吊篮用钢丝绳的绳端固定

### （一）钢丝绳端部常用的连接和固定方式

1. 边绕法

编结长度不应小于钢丝绳直径的 15 倍，且不应小于 300mm，连接强度不小于 75％钢丝绳破断拉力。

2. 楔块、楔套连接

钢丝绳一段绕过楔块，利用楔块在套筒内的缩紧作用使钢丝绳固定，固定处的强度约为绳自身强度的 75％～85％。

3. 绳夹连接

钢丝绳绳夹连接简单、可靠，应用广泛。但使用绳夹固定，需要注意绳夹数量、间距、夹座方向和夹紧力等诸多因素。

4. 锥套浇铸法

钢丝绳末端穿过锥形套头后将钢丝进行松散，且将头部弯成小钩，浇入液态金属凝固而成。其连接应满足相应的工艺要求，固定处的强度与钢丝绳自身的强度大致相同。

5. 金属套压缩法

采用标准金属套（常用铝合金套）将钢丝绳端部的绳套压缩紧固进行连接。金属套压制接头强度高，质量稳定，但无法调整钢丝绳长度。

（二）吊篮钢丝绳的绳端接头形式特点及要求

现行《高处作业吊篮》（GB/T 19155）中推荐使用的钢丝绳端头形式如图 5-1-6 所示，金属压制接头和自紧楔形接头形式。

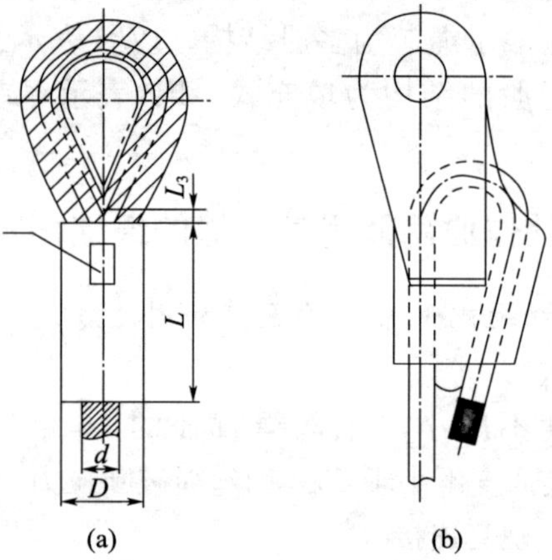


图 5-1-6　推荐使用的钢丝绳端头形式

（a）金属压制接头；（b）自紧楔形接头

1. 金属压制接头的特点及要求

常用铝合金套进行压制，有带套环（俗称鸡心环）和无套环两种。其特点是质量轻、制作容易、安装方便、安全可靠，但钢丝绳长度需定制且不可拆卸。

现行《钢丝绳铝合金压制接头》（GB/T 6946）中规定：“铝合金压制接头应能承受钢丝绳最小破断拉力 90%的静荷载以及承受最小破断拉力的 15%～30%的冲击荷载”。

2. 自紧楔形接头

自紧楔形接头特点是构造简单、固定牢靠、可拆卸，但外形尺寸较大、较笨重。

当楔套采用铸件时，应进行退火处理，以消除内应力，宜进行无损探伤检测，以防铸造缺陷造成事故隐患。

自紧楔形接头的安装应符合现行《钢丝绳铝合金压制接头》（GB/T 6946）的规定，接头与钢丝绳的连接方式如图 5-1-7 所示，特别要注意受力一侧的钢丝绳应安装在楔形接头的受力轴线上，图 5-1-7（b）为正确安装方式。

注意：采用楔形接头时，不得在同一楔座上既固定工作钢丝绳，又固定安全钢丝绳。

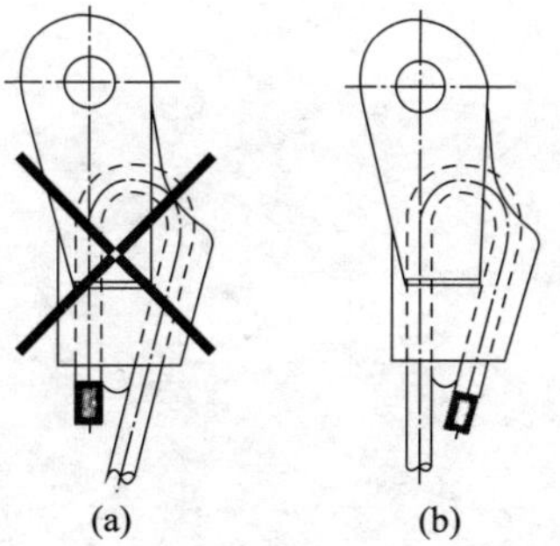

图 5-1-7　楔形接头的连接方法

## 第二节　掌握钢丝绳的承载能力

钢丝绳工作时的受力情况复杂多变，内部应力状态除受拉外，在缠绕过程中还受到弯曲和挤压，钢丝间也产生相互挤压，所以钢丝绳反复弯曲和反复挤压造成的金属疲劳是钢丝绳破坏的主要原因。

钢丝绳的破断拉力与其材质和直径有关，其数值按以下公式计算：

钢丝绳破断拉力＝钢丝绳破断拉力总和×换算系数

安全系数＝最小破断拉力/最大工作静拉力

钢丝绳最大允许拉力＝破断拉力总和/给定安全系数

钢丝绳承受负荷后，不仅受到弯曲力、拉伸力和摩擦力，还受到巨大的冲击力。因此，在计算和选择钢丝绳时，必须考虑弥补因钢丝绳材料的不均匀受力及计算的不准确，给定钢丝绳足够的富余强度。

# 第六章　吊篮电气控制元器件

## 第一节　了解电气控制元器件的分类

### 一、电气控制系统的基本组成

如图 6-1-1 所示，高处作业吊篮电气控制系统由电控箱、制动电机、上行程限位开关、上极限限位开关、手持开关和电源电缆等组成。

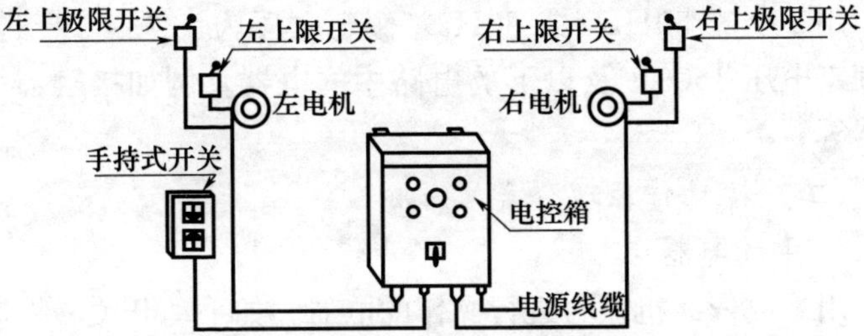


图 6-1-1　电气控制系统

### 二、电控箱的基本组成

高处作业吊篮的电气控制箱主要由漏电保护器、相序继电器、接触器、热继电器、熔断器、控制变压器、万能转换开关、限位开关、极限开关普通按钮和急停按钮等元器件组成。

电气控制箱上设有上行操作按钮、下行操作按钮、转换开关和急停按钮，并设有手持开关。操作系统的电压通常为 24～36V 的安全电压。

工作时，操作人员可在电气控制箱上操作，也可通过手持开关进行操作。左、右电机可以同时运行，也可以单独运行。只需转动电控开关箱上的转换开关即可实现操作方式转换。当转换开关转至中间位置时，实现左右电机同时运行。当转换开关转至一侧时，即可实现单机运行。

## 三、电气控制元器件的分类

### （一）按工作电压分类

1. 高压电器

用于交流电压 1200V、直流电压 1500V 及以上电路中的电器。例如高压断路器、高压隔离开关、高压熔断器等。

2. 低压电器

用于交流 50Hz（或 60Hz）额定电压为 1200V 以下，直流额定电压 1500V 及以下的电路中的电器。例如接触器、继电器等。

### （二）按动作原理分类

1. 手动电器

用手或依靠机械力进行操作的电器。如手动开关、控制按钮、行程开关等。

2. 自动电器

借助于电磁力或某个物理量的变化自动进行操作的电器。如接触器、各种类型的继电器、电磁阀等。

### （三）按用途分类

1. 控制电器

用于各种控制电路和控制系统的电器。如接触器、继电器、电动机启动器等。

2．主令电器

用于自动控制系统中发送动作指令的电器。如按钮、行程开关、万能转换开关等。

3．保护电器

用于保护电路及用电设备的电器。如熔断器、继电器、避雷器等。

4．执行电器

用于完成某种动作或传动功能的电器。如电磁铁、电磁离合器等。

5．配电电器

用于电能的输送和分配的前期。如高压熔断器、隔离开关、自动空气开关、漏电开关等。

（四）按工作原理分类

1．电磁式电器

依据电磁感应原理工作的电器。如接触器、各种类型的电磁式继电器。

2．非电量控制电器

依据外力或某种非电物理量的变化而动作的电器。如刀开关、行程开关、按钮、速度继电器、温度继电器等。

## 第二节　了解电气控制元器件的功能

### 一、漏电保护器 $QF_1$

漏电保护器安装在电气系统的主回路中，当系统发生漏电故障，漏电电流超过漏电保护器的动作电流（不超 30mA）时，漏电保护器即立刻自动切断电源，对系统和人员进行有效保护。

## 二、相序继电器 KVS

相序保护继电器在三相电源出现相序错误或缺相时，能够及时断开电源，对电路和负载具有保护功能。

## 三、接触器 KM

接触器用于接通或切断总电源或负载（制动电机）电路。接触器的吸合与断开是靠其线圈得电或失电来控制的。当其线圈得电时，便产生电磁力，将其主触点吸合，接通负载回路。当线圈失电时，电磁力便消失，主触点在弹簧力的作用下分离，切断负载回路。

## 四、热继电器 FR

热继电器用于防止电动机过载及过热烧毁。热继电器的热敏元件串接在负载回路中，当负载过载运行时，所通过的电流必然增大。当电流增加到设定电流值时，热敏元件便触动热继电器的常闭触头，切断负载的控制电路，保护电动机运行安全。热继电器分自动复位与非自动复位两种类型。非自动复位型热继电器动作之后，必须按一下复位钮，热继电器才能恢复正常工作。

## 五、熔断器 F

熔断器用于电路短路或长时间超过额定电流时被熔断，以保护电路。

## 六、控制变压器 TC

控制变压器将主回路中的动力电源转变为控制电路的低压（安全电压）电源。高处作业吊篮采用的控制变压器通常将380V（或220V）交流电转变为48V或36V低压交流电，为控制电路和辅助电路（照明电灯及电铃等）提供安全电压。

## 七、万能转换开关 QC

万能转换开关用于切换不同电路。高处作业吊篮采用的万能转换开关用于左、右两台电机分别动作或同时动作的控制电路之间的切换，是满足高处作业吊篮特殊控制要求必不可少的电器元件。

## 八、限位开关 SL

限位开关用于限制悬吊平台运动范围。

## 九、普通按钮 SB

普通按钮在按压后接通或断开某一控制电路，松开后即恢复该控制电路的原状。通常将控制上升（下降）回路的按钮称为上升（下降）按钮，将控制停止的按钮称为停止按钮。

## 十、急停按钮 STP

急停按钮用于在紧急或危险情况下切断主电路电源，防止发生事故及危险。急停按钮外表为红色，应选择非自动复位型。需在险情排除之后，进行手动复位。

## 十一、制动整流模块

制动整流模块将 380V 或 220V 交流电，经过整流模块转化成直流电（高处作业吊篮常用 99V），为电动机的制动器单独提供控制电源。

# 第七章　吊篮悬挂机构

## 第一节　掌握悬挂机构的结构

### 一、悬挂机构的类型

由于建（构）筑物的顶部或用于加设悬挂装置层面的结构、空间和形状各异，所以高处作业吊篮的悬挂机构类型很多。

尽管类型各异，但悬挂机构具有以下共同特点：便于频繁拆装、组合；单件质量较轻（应不超过 50kg）；具有可伸缩性或可调节性。

按力矩平衡方式的不同，标准配置的高处作业吊篮的悬挂机构大致分为两种：配重式悬挂机构和卡钳式悬挂机构。

### 二、配重式悬挂机构

配重式悬挂机构的倾覆力矩全部靠本身机构的自重及配重进行平衡。优点是适用范围广，对安装现场无特殊要求。目前在高处作业吊篮上应用得最为广泛。

如图 7-1-1 所示，即为最典型的配重式悬挂机构。

此类悬挂机构主要由横梁 1、前支座 2、后支座 3、配重 4 和加强钢丝绳张紧机构 5 组成。

横梁 1 由前梁、中梁和后梁组合而成。三段梁均采用薄壁矩形管材套接成整体。前、后梁均可伸缩，以便组成不同的外

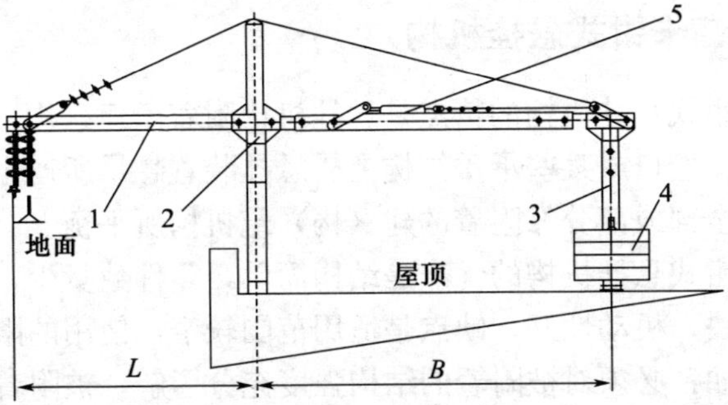


图 7-1-1　吊篮悬挂机构

1—横梁；2—前支座；3—后支座；4—配重；5—加强钢丝绳张紧机构

伸长度 $L$ 和不同的支承距离 $B$，来适应建（构）筑结构的不同需求。

前支座 2、后支座 3 各分为上、下两段，通常也采用薄壁矩形管材套接成整体，可以通过伸缩来调整支座高度，以适应各种高度的女儿墙。

支座上端与横梁采用销轴或螺栓连接。

部分吊篮的悬挂机构在支座下端横撑上设置脚轮，便于悬挂机构整体平移；同时设置可调支腿，使支座落地平稳可靠。

后支座 3 的底部横管上焊有数根立管，便于安装固定配重。

配重 4 安装在后支座横管上，其作用是平衡作用在悬挂机构上的倾覆力矩。材料一般采用铸铁、特质高强度混凝土或外包铁皮混凝土。每块配重的质量通常为 20kg 或 25kg，便于单人搬运和装卸。

加强钢丝绳张紧机构 5 由加强钢丝绳、上立柱和锁具螺旋扣（俗称花篮螺栓）组成。作用是增强横梁承载能力，改善横梁受力状况，减小横梁界面尺寸和自重。

### 三、卡钳式悬挂机构

卡钳式悬挂机构的特点是悬挂机构附着于建（构）筑物的女儿墙、檐口或某些承重结构上。悬挂装置悬吊所产生的倾覆力矩，全部或部分靠附着的建（构）筑机构所平衡。

卡钳式悬挂机构的优点是结构简单，零件数量少，无须大量配重块，机动性好；缺点是适用范围较窄，使用的限制条件多。例如：必须对被附着的结构强度充分了解，被附着的结构形状比较规则等。

如图 7-1-2 所示，即为最常见的卡钳式悬挂机构，也称“女儿墙卡钳”或“骑墙马”。

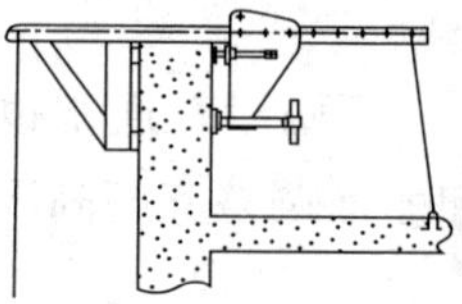

图 7-1-2　卡钳式悬挂机构

## 第二节　掌握悬挂机构的技术要求

现行《高处作业吊篮》（GB/T 19155）对吊篮悬挂机构的安全技术要求有以下几点。

### 一、悬挂机构的基本安全技术要求

（1）悬挂机构的所有部件均可重复安装及使用。

（2）部件不应有可能引起伤害的尖角、锐边或凸出部分。

（3）固定销和紧固卡等小型元件应永久性地连接在一起。

（4）经常移动且由一人搬运的部件最大质量为 25kg，由两人搬运的部件最大质量为 50kg。

（5）配重应坚固地安装在配重悬挂装置上，只有在需要拆除时方可拆卸，配重应锁住以防止未授权人员拆卸。

（6）横梁内外两侧的长度应是可调节式。

（7）配重悬挂装置上应附着永久清晰的安装说明。

（8）工作钢丝绳和安全钢丝绳应独立悬挂在各自的悬挂点上，如图 7-2-1 所示。

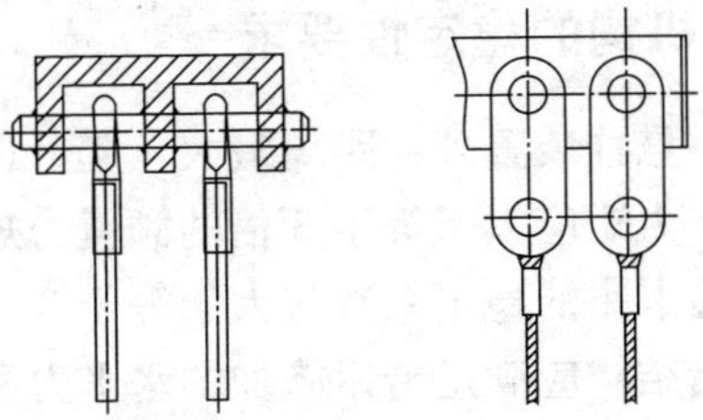

图 7-2-1　吊篮典型悬挂点

## 二、配重的安全技术要求

（1）每块配重质量最大为 25kg。

（2）配重应是实心的且有永久（质量）标记。

（3）禁止采用注水或散装物作为配重。

（4）混凝土配重的混凝土强度不低于 C25，内部应浇筑加强钢筋，适合长途运输和搬运。

## 三、悬挂装置的静载试验要求

（1）悬挂装置承受静载试验荷载时应保持静止。

（2）悬挂装置承受静载试验 15min 后，结构件应无断裂或无任何永久变形且保持稳定。

（3）静载试验荷载的计算方法。

① 静载试验荷载的垂直力，按下列公式计算。

$$F_V = 2.5 \times 10 \times W_{11}$$

② 静载试验荷载的水平力应作用在最不利的方向，按下列公示计算。

$$F_{\mathrm{h}}=0.15\times10\times W_{11}$$

式中　$F_{\mathrm{V}}$——垂直力，单位为牛顿（N）；

$F_{\mathrm{h}}$——水平力，单位为牛顿（N）；

$W_{11}$——提升机极限工作荷载，单位为千克（kg）。

## 四、悬挂机构的稳定性要求

（1）在配重悬挂装置外伸距离最大，起升机构极限工作荷载工况时，稳定力矩应大于等于 3 倍的倾覆力矩。

（2）女儿墙卡钳的稳定系数应大于等于 3。

（3）女儿墙结构应满足卡钳施加的水平力和垂直力。

# 下　篇
# 安全操作技能

# 第八章　吊篮安装和拆除

## 第一节　掌握吊篮安装的方法和流程

### 一、安装作业前的准备工作

（一）编制专项施工方案

专项施工方案的编制依据和编制程序：

1. 编制依据

依据《危险性较大的分部分项工程安全管理规定》（住房和城乡建设部令第 37 号）第十条规定，施工单位应当在危大工程施工前组织工程技术人员编制专项施工方案。

在《住建部办公厅关于实施〈危险性较大的分部分项工程安全管理规定〉有关问题的通知》（建办质〔2018〕31 号）文件明确规定的危险性较大的分部分项工程的范围中，高处作业吊篮被列入脚手架工程，属于危险性较大的分部分项工程。

据此，高处作业吊篮在施工前，应由有关单位组织工程技术人员编制专项施工方案。

2. 编制与修改程序

实行施工总承包的，专项施工方案应当由施工总承包单位组织编制。高处作业吊篮工程实行分包的，专项施工方案可以由相关专业分包单位组织编制。

专项施工方案应当由施工单位技术负责人审核签字、加盖单位公章，并由总监理工程师审查签字、加盖执业印章后方可实施。

高处作业吊篮工程实行分包并由分包单位编制专项施工方案的，专项施工方案应当由总承包单位技术负责人及分包单位技术负责人共同审核签字并加盖单位公章。

施工单位应当严格按照专项施工方案组织施工，不得擅自修改专项施工方案。

因规划调整、设计变更等原因确需调整的，修改后的专项施工方案应当按照规定程序重新审核和论证。

（二）基本内容

1. 工程概况

包括但不限于：工程名称、工程地质、建筑面积、最大标高、工程特点、安装单位、施工单位、作业项目、预计工期、施工要求、技术保证措施、施工平面布置等。

2. 编制依据

包括但不限于：相关法律、法规、规范性文件、标准、施工图设计文件、施工组织设计等。

3. 施工计划

包括但不限于：施工进度计划、材料与设备计划。

4. 施工工艺技术

包括但不限于：技术参数、工艺流程、施工方法、操作要求、检查要求等。

5. 施工安全保证措施

包括但不限于：组织保证措施、技术措施、监测监控措施等。

6. 施工管理及作业人员配备和分工

包括但不限于：施工管理人员、专职安全生产管理人员、特种作业人员、其他作业人员等。

7. 验收要求

包括但不限于：验收标准、验收程序、验收内容、验收人员等。

8. 应急处置措施

包括但不限于：应急救援组织机构、应急演练计划、紧急情况（如高处坠落、物体打击、触电、火灾等）的具体应急救援措施及预案。

9. 设计计算书及相关施工图纸

包括但不限于：设计计算书、专家论证报告（如有）、机位平面布置图（包括机位编号、相邻悬吊平台之间净距离、各机位吊篮型号、平台长度、安装高度、悬挂装置类型、横梁外伸长度、前后支座间距、配重数量等）、配电箱数量及安装部位等。

## 二、安装前的安全管理

（一）安装施工前期安全管理要求

（1）高处作业吊篮产权单位与施工使用单位签订租赁合同和安全管理协议，明确双方安全管理职责。

（2）高处作业吊篮安装作业人员应持有吊篮安装拆卸特种作业证书。

（3）安装单位技术人员编制高处作业吊篮安装（拆除）专项施工方案，需经单位技术负责人审核。

（4）涉及新技术、新工艺、新材料、新设备及尚无相关技术标准的高处作业吊篮安装方案时，应组织专家对该方案进行论证或评估，论证或评估通过后方能实施安装作业。

（5）安装单位将审核合格的高处作业吊篮安装（拆除）专项施工方案送使用单位及施工总承包单位进行审查。审查合格后，由总承包单位送监理单位进行审核。

（6）高处作业吊篮安装单位与高处作业吊篮使用单位及总承包单位签订安装安全管理协议，明确各方的安全职责。获取高处作业吊篮安装告知回单后，方可进行安装施工。

（二）安全技术交底的依据和程序

根据《建设工程安全生产管理条例》（中华人民共和国国务院令第393号）第二十七条规定，建设工程施工前，施工单位负责项目管理的技术人员应当对有关安全施工的技术要求向施工作业班组、作业人员作出详细说明，并由双方签字确认。

《危险性较大的分部分项工程安全管理规定》（住房和城乡建设部令第37号）第十五条规定，专项施工方案实施前，编制人员或者项目技术负责人应当向施工现场管理人员进行方案交底。

据此，高处作业吊篮在安装施工前，应由安装单位项目技术负责人依据专项施工方案、工程实际情况、特点和危险因素编写安全技术交底书面文件，并向参与安装施工的班组和所有人员进行详细的安全技术交底。安全技术交底完毕后，所有参加交底的人员应履行签字手续，并归档保存。

（三）安全技术交底的主要内容

（1）本安装工程项目特点与概况。

（2）本项目施工人员的现场指挥与具体分工。

（3）本安装工程的工作环境及危险源。

（4）针对危险部位采取的具体防范措施。

（5）作业中应注意的安全事项。

（6）作业人员应遵守的安全操作规程和规范。

（7）安全防护措施的正确使用与操作。

（8）发现事故隐患应采取的措施。

（9）安装作业紧急情况的应急救援预案。

（10）发生事故后应及时采取的避险、自救方法、紧急疏散和急救措施。

（11）其他安全技术事项。

## 三、高处作业吊篮的进场查验

目前，高处作业吊篮尚未纳入特种设备管理范围，缺乏全国统一的监管办法。在生产领域，存在高处作业吊篮制造企业良莠不齐，产品质量相差甚远的问题；在流通领域，存在高处作业吊篮租赁市场混乱，低价无序竞争助推大量劣质吊篮产品涌入施工现场的问题；在施工现场，存在管理不完善的问题。这些问题都会导致高处作业吊篮施工安全事故的发生。因此，对高处作业吊篮在进入施工现场前进行查验是十分重要的。

根据《建设工程安全生产管理条例》的规定，未经进场查验或者查验不合格的产品，严禁在施工现场安装和使用。

对于高处作业吊篮进场查验工作，应当落实进场查验的组织，配备进场查验的工具，确定进场查验的评判方法。

### （一）进场查验的组织工作

进场查验由高处作业吊篮的使用单位会同产权单位、安拆单位、工程监理单位共同进行并做好查验记录，经参与查验各方签字后，由高处作业吊篮使用单位存档备查。实行施工总承包的，由总承包单位负责组织高处作业吊篮进场查验。

### （二）进场查验的基本工具

进场查验通常使用钢直尺、钢卷尺、游标卡尺和外径公分尺等通用量具。

1. 钢直尺

如图 8-1-1 所示，主要用于测量结构件的孔距和横截面等较低精度要求的长度尺寸。

2. 钢卷尺

如图 8-1-2 所示，主要用于测量结构件的长度、孔距和安装距离等较粗糙精度要求的长度尺寸。

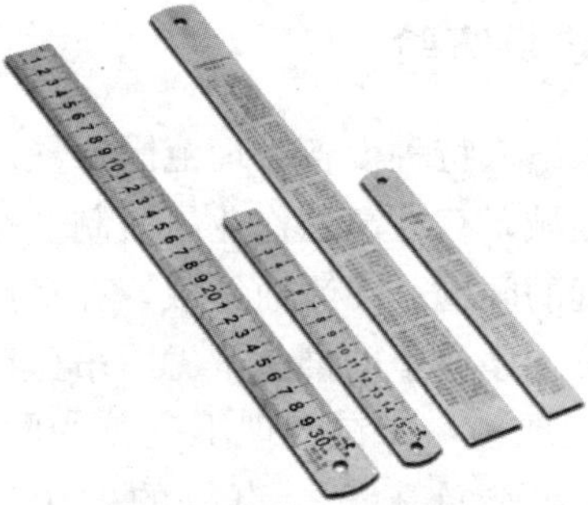

图 8-1-1　钢直尺

图 8-1-2　钢卷尺

3. 游标卡尺

如图 8-1-3 所示，主要用于测量销轴直径、安装孔直径和结构件壁厚等中等精度要求的长度尺寸。

4. 外径公分尺

如图 8-1-4 所示，主要用于测量轴径、轴承外径和重要结构件壁厚等较精密要求的长度尺寸。

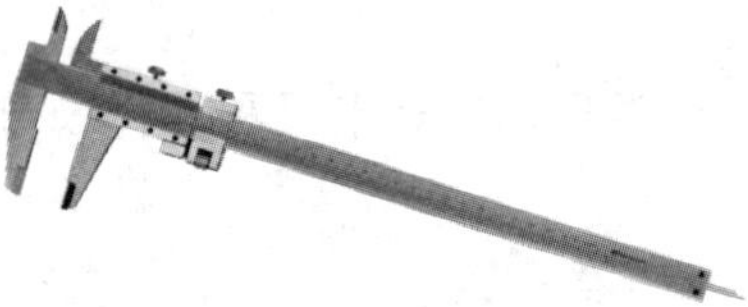

图 8-1-3　游标卡尺

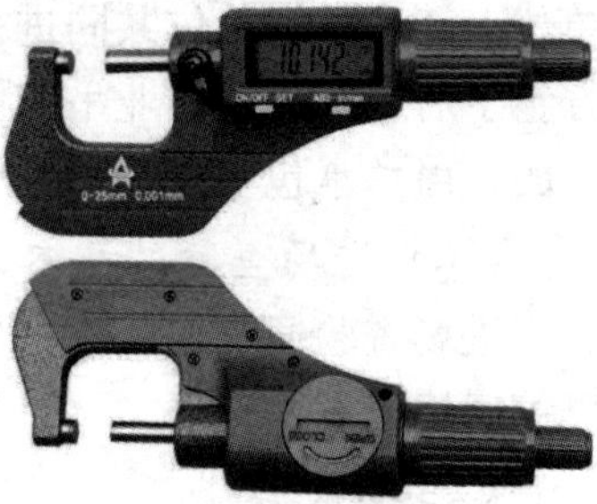

图 8-1-4　外径公分尺

（三）进场查验的主要内容

高处作业吊篮进场应重点查验相关资料是否齐全，主要组成件是否完好。

1. 查验进场的高处作业吊篮相关资料

(1) 设备档案（包括进场高处作业吊篮的生产厂家、出厂日期、提升机和安全锁的编号、钢印及检修保养记录等信息）；

(2) 产品型式检验报告；

(3) 产品出厂检验合格证书；

(4) 安全锁标定证书；

(5) 钢丝绳质量合格证明；

(6) 产品使用说明书。

2. 查验进场的主要组成件

高处作业吊篮的主要组成件包括主要部件、结构件和配套件。

(1) 主要部件

高处作业吊篮的主要部件包括提升机、安全锁和电气控制部分。

① 提升机查验要求：

铭牌完整清晰，且在箱体表面具有标明出厂时间的钢印；

箱体表面平整、无明显砂眼、气孔或明显机械损伤；

不得存在裂纹；

铭牌完整清晰；

进绳口的孔口尺寸不超过2倍钢丝绳直径；

不存在漏油或明显渗油现象。

② 安全锁查验要求：

铭牌完整清晰，且在标定期内；

外壳平整，无明显机械损伤；

运动部件无阻卡现象。

③ 电气控制部分查验要求：

电控箱外壳平整，无明显变形，门锁完好无损；

电控箱内元器件完好无损，布线规则整齐，不存在飞线现象；

行程开关、按钮、旋钮、指示灯、插座等完好无损；

电缆线绝缘外皮无严重破损或挤压变形；

电源电缆不存在中间接头。

（2）主要结构件

高处作业吊篮的主要结构件包括悬挂装置和悬吊平台。

① 悬挂装置查验要求：

结构件无裂纹、明显锈蚀、扭曲或死弯；

焊缝无裂纹；

结构件的实际壁厚不小于有关标准规定的最小壁厚尺寸。

② 悬吊平台查验要求：

结构件无裂纹、明显锈蚀、扭曲或死弯；

焊缝无裂纹；

结构件的实际壁厚不小于有关标准规定的最小壁厚尺寸；

护栏高度不低于 1000mm；

平台底部设有高度不小于 150mm 的踢脚板。

（3）主要配套件

① 钢丝绳查验要求：

参见本教材第九章中钢丝绳的性能、作用和报废标准等相关规定。

② 安全绳查验要求：

不存在松散、断股、打结、割伤；

不存在明显老化、腐蚀现象；

不存在中间接头。

③ 配重查验要求：

质量必须符合高处作业吊签生产厂家的设计规定，并且具有永久性质量标记；

无明显的缺棱、少角等破损现象；

严禁使用液体或散状物体做配重填充物。

(4) 进场查验争议的解决

对于进场查验的高处作业吊篮质量有重大争议的，由高处作业吊篮产权单位委托具有相应计量认证资格证书的专业检验机构进行检验。

## 四、施工现场临时用电的安全技术准备

根据现行《施工现场临时用电安全技术规范》(JGJ 46) 的规定，结合高处作业吊篮在施工现场临时用电的实际情况，在安装前须做好用电安全技术准备工作。

1. 施工现场临时用电的原则

(1) 必须采用三级配电系统；

(2) 必须采用二级漏电保护装置；

(3) 实施“一机一闸”制；

(4) 必须设置电气线路的基本保护装置；

(5) 动力与照明分设原则。

动力开关箱和照明开关箱应分箱设置，不得共箱分路设置。

高处作业吊篮的电控箱只能专用，不得用于连接其他用电设施。

(6) 尽量压缩配电间距。

除总配电箱（配电室）外，分配电箱、开关箱及用电设备间距离应尽量缩短。分配电箱应设在用电设备相对集中处，且与开关箱的距离不得超过 30m。

2. 施工现场临时用电的配电装置

施工现场临时用电的配电装置包括配电箱和开关箱的箱体及各类电气元件。箱体制作和使用应符合下列要求：

(1) 箱体应满足防尘、防晒、防雨（水）要求，不得采用木板制作；

(2) 电气安装板用于安装电气元件及零线（N）保护零线

(PE) 和端子板，宜采用优质绝缘板制作。当安装板和箱体采用折页式活动连接时，配线必须用编制铜芯的软线跨接；

(3) N端子板和PE端子板必须分别设置，避免N线和PE线混接；

(4) N端子板与铁质的箱体之间必须保持绝缘，而PE端子板与铁质箱体必须保持良好电气连接，应采用紫铜板制作，其端子数应与进出线总路数量保持一致；

(5) 固定式配电箱、分配电箱及开关箱，其箱体中心点距离地面高度应为1.4～1.6m；移动式配电箱、分配电箱及开关箱，其箱体中心点距离地面高度应为0.8～1.6m；

(6) 配电箱、分配电箱及开关箱的箱门处应有规范的标牌，内容应包括名称、用途、分路标记、箱内线路接线图等；

(7) 配电箱、分配电箱及开关箱均应装设门锁，由专人负责开启和上锁。下班停工或班中停止作业1h以上，相关电箱应归零、断电、锁箱；

(8) 配电箱、分配电箱及开关箱配置的电气元件，应具备以下四种基本功能：

① 电源隔离功能；

② 电路接通与分断功能；

③ 短路、过载、漏电等保护功能；

④ 通电状态指示功能。

3. 各级电箱的基本元件配置要求

(1) 总配电箱应按三相五线形式布置，即必须设置PE端子板。

(2) 总电路及分电路的电源隔离开关，均采用三路断路开关，并设置进线端子。

(3) 总电路及分电路隔离开关负荷侧设置三路断路开关(或熔断器等短路保护装置)、三相四线漏电开关。

(4) 分配电箱应按次序装设隔离开关、短路保护（熔断器、短路开关）、过载保护器（热继电器等）。

（5）动力开关箱的电气元件配置，基本上与分配电箱相同，仅电流等级选择不同，漏电开关可选择三相三线型产品。

（6）照明开关箱应单独设置，照明线路采用二路断路开关或熔断器和单相二线漏电开关。

（7）各类电箱的电气配置和接线严禁任意改动或加接其他用电设备。

4. 各级电箱的接线及使用要求

（1）各级电箱的接线必须由经过按国家现行标准考核合格后的电工持证上岗操作，其他用电人员必须通过相关安全教育培训和技术交底，考核合格后方可上岗工作。

（2）安装、巡检、维修或拆除临时用电设备和线路，必须由电工完成并应有人监护。

（3）电工在操作时，必须按规定穿戴绝缘防护用品，使用绝缘工具。

（4）配电装置的漏电开关应在班前，按下试验按钮检查一次，调试正常方可继续使用。

（5）暂时停用设备的开关箱必须分断电源隔离开关并应关门上锁。

（6）移动电气设备时，必须经电工切断电源并做妥善处理后进行。

（7）严禁带电或采用预约停、送电时间方式检修电箱及用电设施。

（8）检修前必须断电，并在隔离开关上挂上“禁止合闸，有人工作”的警告牌，由专人负责挂取、送电和停电，应严格按下列顺序操作：

① 送电顺序：总配电箱→分配电箱→开关箱。

② 停电顺序：开关箱→分配电箱→总配电箱。

## 五、施工现场的安装作业准备

（一）检查和处置安装场地及施工条件

（1）检查运输零件、部件、构件的车辆进场路线与卸料场地的安全性。

（2）检查现场供配电是否符合规定。

（3）高处作业吊篮安装位置与输电线之间的安全距离应不小于10m。

（4）高处作业吊篮安装位置与塔式起重机、施工升降机、物料提升机之间应保持足够的安全距离。

（5）悬挂装置安装位置的建筑物或构筑物的承载能力应符合产品说明书或设计计算书要求。

（6）清除悬吊平台和悬挂装置安装部位的障碍物，安装悬挂装置的楼层应具有基本平整条件，已做防水层的楼面，应准备足量木板，以加强成品保护。

（7）设置带有漏电开关和接地线的380V三相电源配电箱，确保每台高处作业吊篮有独立的成套开关电路供电；专用配电箱不得用于接用其他用电设备。

（8）在安装作业范围内设置有效防护和警示。

（9）经全面检查符合安装条件后，方可组织进场安装。

（二）检查安装用具及个人安全防护用品

（1）检查安装用工具、仪表、设施和设备，并确认其完好。

（2）检查安装拆卸作业警示标志，并确认其设置位置适当、醒目。

（3）检查安全绳、安全带、自锁器和安全帽，并确认其数量充足。

（4）质量符合相关标准规定且未达到报废程度。

### （三）检查和清点待装零部构件

（1）检查所有待装零部件，并确认是经过检修合格的，且在规定使用期限内。

（2）检查所有待装结构件，并确认其无裂纹和明显弯曲，扭曲或局部变形。

（3）检查安全装置，并确认其有效、可靠、齐全，安全锁在有效标定期内。

（4）按整机安装数量清点零部件、结构件、配套件和紧固连接件的数量。

（5）准备垫块、木方等辅助材料。

（6）将检查清点合格的零部件、构件搬运至指定的待安装位置。

## 六、吊篮安装方法和流程

### （一）整机安装流程图

整机安装流程如图 8-1-5 所示。

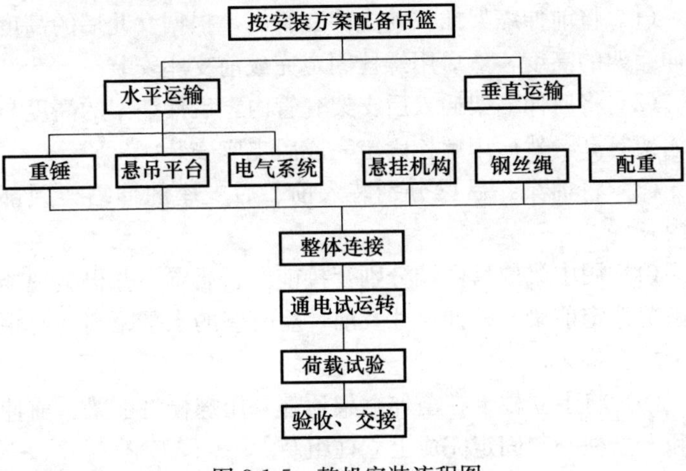


图 8-1-5　整机安装流程图

（二）悬挂装置的安装方法和流程

将需悬挂装置的零件、构件和附属件垂直运输至屋顶或预定的安装楼层。

1. 配重悬挂装置的安装方法和流程

如图 8-1-6 所示装配关系安装配重式悬挂装置。

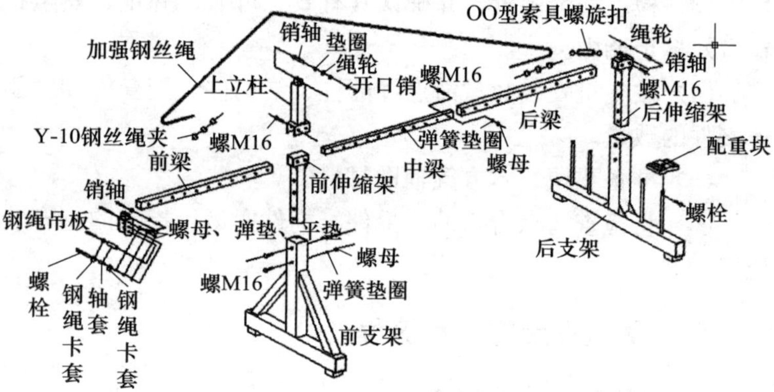


图 8-1-6　配重式悬挂装置安装图

（1）将前伸缩架插入前支架套管内，根据女儿墙的高度调整伸缩架的高度，然后用螺栓固定完成前支座安装。

（2）将后伸缩架插入后支架套管内，后伸缩架的高度与前伸缩架等高，然后用螺栓固定完成后支座安装。

（3）将前梁、后梁分别装入前、后支座的伸缩架顶部方管内。

（4）用中梁前后两端分别套接前梁、后梁，并根据现场实际情况选定前梁的外伸尺寸及前、后支座的水平距离（此距离尽量放至最大）。

（5）将上立柱卡在前伸缩架顶部，用螺栓将前梁、前伸缩架和上立柱一起固定完成上立柱组装。

（6）将加强钢丝绳的一端穿过前梁钢丝绳吊板的滚轮后，

用楔形接头（或其他符合标准规定型式的接头）固定；将OO型索具螺旋扣的一端放入后伸缩架顶部的小连接支板内，插入销轴进行固定；将钢丝绳的另一端穿过索具螺旋扣的另一端，然后将钢丝绳端部进行固定；调节螺旋扣的长度，绷紧加强钢丝绳。

（7）将工作钢丝绳和安全钢丝绳上端分别安装在前梁的钢丝绳吊板上，并且用螺栓或销轴进行可靠的连接与固定。

（8）在钢丝绳适当位置安装上行程限位和上极限限位挡块，安装方法应符合产品使用说明书规定。

（9）检查各部件安装应正确、牢固，确认无误后将悬挂装置移至预定的使用位置。

（10）用销子固定承重脚轮，用垫木垫高前支座，使非承重脚轮悬空。

（11）将配重块按产品使用说明书规定的数量，安装在后支座规定的位置上并且进行有效锁止。

（12）根据悬吊平台两吊点间距，用上述方法安装另一悬挂装置。

（13）将工作钢丝绳、安全钢丝绳沿建筑物外立面从绳头部开始缓慢放下。在放第二根钢丝绳前，须由专人在地面将前一根钢丝绳拉开。严禁两根钢丝绳在缠绕状态进行穿绳。

（14）检查各紧固件及钢丝绳和配重的固定情况。

2. 女儿墙卡钳的安装方法和流程

按图8-1-7所示，进行安装（不同厂商的女儿墙卡钳的安装方法，按产品使用说明书）。

（1）将工作钢丝绳和安全钢丝绳分别用螺栓或销轴安装并固定在横梁前端的吊板处。

（2）将横梁插入可调支板。

（3）将卡钳骑在女儿墙上。

（4）将外支架抵紧在女儿墙外侧，根据女儿墙厚度尺寸调

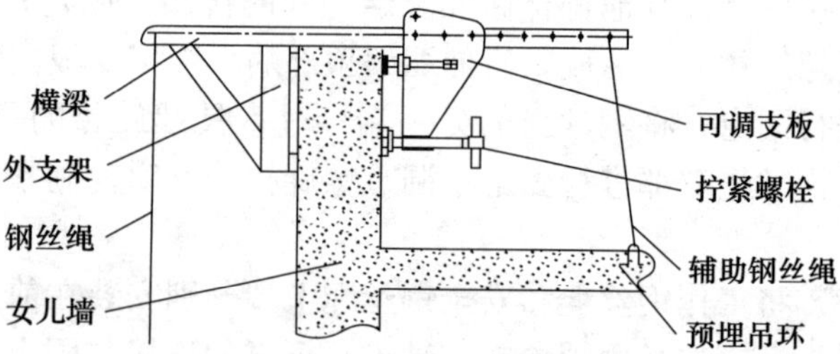


图 8-1-7　女儿墙卡钳安装图

节可调支板在横梁上的位置，用两颗及以上螺栓将可调节支板和横梁连接为整体。

（5）旋转拧紧螺栓，将卡钳固定在女儿墙上。

（6）将辅助钢丝绳两端分别固定在横梁尾部和预埋吊环上并拉紧。

（7）检查各部件安装应正确、牢固，并确认无误。

（8）根据悬吊平台两吊点间距，用上述方法安装另一卡钳。

（9）将工作钢丝绳、安全钢丝绳沿建筑物外立面从绳头部开始缓慢放下。在放第二根钢丝绳前，须由专人在地面将前一根钢丝绳拉开。严禁两根钢丝绳在缠绕状态进行穿绳。

（三）悬吊平台的安装方法和流程

1. 悬吊平台安装流程（图 8-1-8）

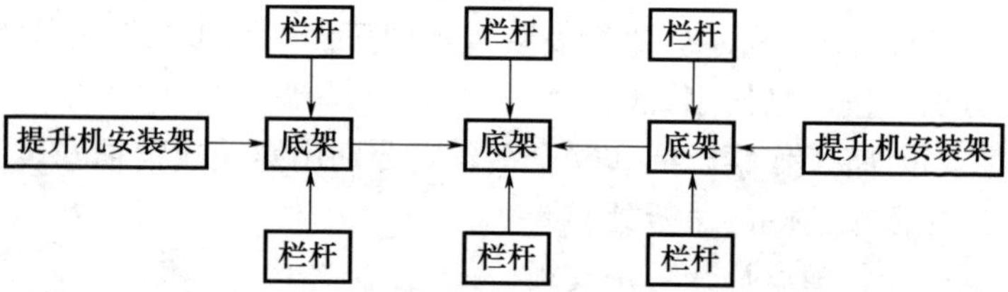


图 8-1-8　悬吊平台安装流程图

2. 悬吊平台的安装方法

普通悬吊平台按图 8-1-9 所示装配关系进行安装。

（1）将底板平放且垫高 200mm 左右。

（2）用底板和两侧栏杆各一件组装平台基本节并用螺栓组进行初步连接。

（3）按平台纵向长度尺寸将基本节对接成整体。

（4）调整各基本节栏杆使其保持在同一条直线上。

（5）将提升机安装架安装于栏杆两端，脚轮安装在提升机安装架底部，用螺栓连接。

（6）检查各部件安装应正确、无错位，确认无误后紧固全部螺栓。

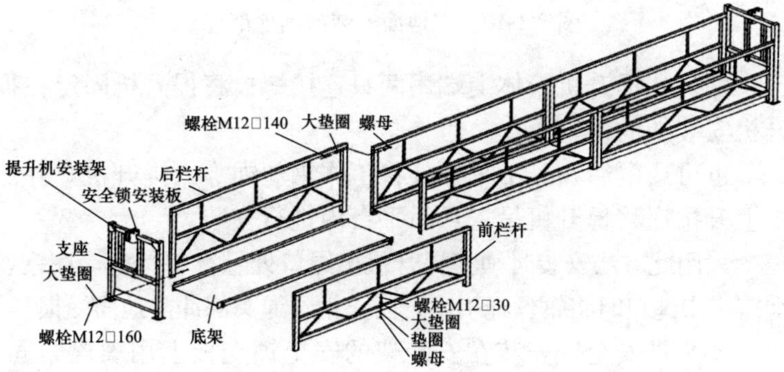


图 8-1-9　悬吊平台安装图

3. 地面安装其他部件的安装方法和流程（图 8-1-10）

（1）将电器控制箱箱门朝向悬吊平台内侧，固定在悬吊平台非工作面一侧的栏杆上。

（2）将提升机搬运至悬吊平台内。

（3）使提升机下方的安装孔对准安装架上的提升机固定支座。

（4）插入销轴并用锁销锁定或穿入螺栓用螺母紧固。

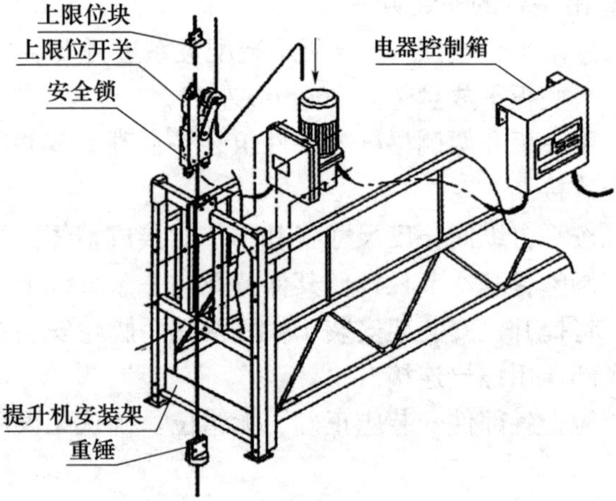


图 8-1-10　在地面安装的其他部件

(5) 在提升机箱体上端用两只连接螺栓将提升机固定在提升机安装架的横框上。

也可通电后在悬吊平台外将工作钢丝绳穿入提升机，并点击上升按钮将提升机吊入悬吊平台内进行安装。

采用此方法安装时须将提升机出绳口处悬空并垫稳，在钢丝绳露出出绳口时将钢丝绳引出，防止钢丝绳头部冲击地面受损。

(6) 把安全锁安装在安装架的安全锁支板上用螺栓紧固。注意将摆臂滚轮朝向平台内侧。

(7) 将上限位行程开关和上限位极限开关分别安装在安全锁上的开关支板上且用螺栓固定。

(8) 将上限位行程挡块和上限位极限挡块分别安装在钢丝绳顶部。

(9) 将重锤安装在安全钢丝绳的下端。

(四) 整机的安装方法和流程

1. 检查并确认

(1) 各连接部位应牢固可靠。

（2）钢丝绳完好无损。

（3）电路接线正确。

2. 连接和检查电气系统

（1）将电动机插头、手持式开关插头分别插入电控箱下部相应的航空插座内。

（2）确认无误后按三相五线制连接电源。

（3）确认电源电压应在 380V±5%范围内。

（4）按下漏电断路器上的试验按钮，漏电断路器应迅速动作。

（5）关好电控箱门，检查电铃、行程限位开关、极限限位开关、手持式开关、转换开关和电动机等应工作正常。

3. 穿入钢丝绳（图 8-1-11）

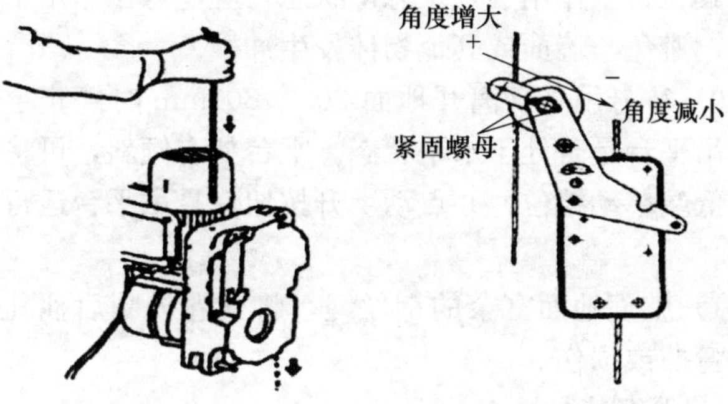


图 8-1-11　穿钢丝绳示意图

（1）将电控箱面板上的转换开关转到待穿钢丝绳的提升机单独动作的挡位。

（2）将工作钢丝绳从安全锁的摆臂滚轮与挡环中穿过后，用力插入提升机上部入绳口内，直至插不进为止，然后将钢丝绳略为提起后再用力下插，使钢丝绳插紧在提升机内；按下上升按钮，使工作钢丝绳自动卷入提升机。

（3）在穿绳过程中要密切注意有无异常情况，直至工作钢丝绳由提升机出绳口露出为止；若有异常应立即停止穿绳。

（4）继续按住上升按钮，待工作钢丝绳绷直后，将自动打开摆臂防倾式安全锁。

（5）将穿出的钢丝绳通过提升机安装架下端，垂直引放到悬吊平台外侧，并盘放收好。

（6）将位于悬挂装置外侧的安全钢丝绳穿入安全锁内。

（7）穿绳时先将安全锁摆臂向上抬起再将钢丝绳穿入安全锁上方的进绳口中，用手推进使其自由通过安全锁后，从安全锁下方的出绳口将钢丝绳拉出，直至将钢丝绳拉紧。

（8）按上述程序安装另一侧提升机、安全锁和钢丝绳。

（9）将两端提升机分别穿绳至钢丝绳拉紧后停止，然后将转换开关转至中间挡位，点动上升按钮，同时拉住悬吊平台两端，使其在自重作用下处于悬吊状态。应注意在悬吊平台离开地面时，避免与墙面或其他物体发生冲撞。

（10）待悬吊平台离开地面 200～300mm 时停止上升，并检查悬吊平台是否处于水平状态。平台如有倾斜，可将转换开关转至低端单动挡位，并点动上升按钮使悬吊平台运行至水平位置。

（11）整理地面富余的钢丝绳，将其卷成圈后捆扎好，防止异常弯曲或损伤。

4. 其他安装与检查

（1）将安全绳（俗称生命绳）一端固定在建（构）筑结构上，另一端沿建（构）筑物外立面垂放至地面。

（2）在安全绳与锐边接触处进行防磨损保护。

（3）全面检查各安装部位，在确认无误后进行调整及试运行。

（4）安装完成后，应对高处作业吊篮进行全面自检，然后按规定进行检验与验收。

（5）经检验与验收合格后方可投入使用。

# 第二节　掌握吊篮拆除的方法和流程

## 一、拆除作业流程

高处作业吊篮拆除作业流程如图 8-2-1 所示。

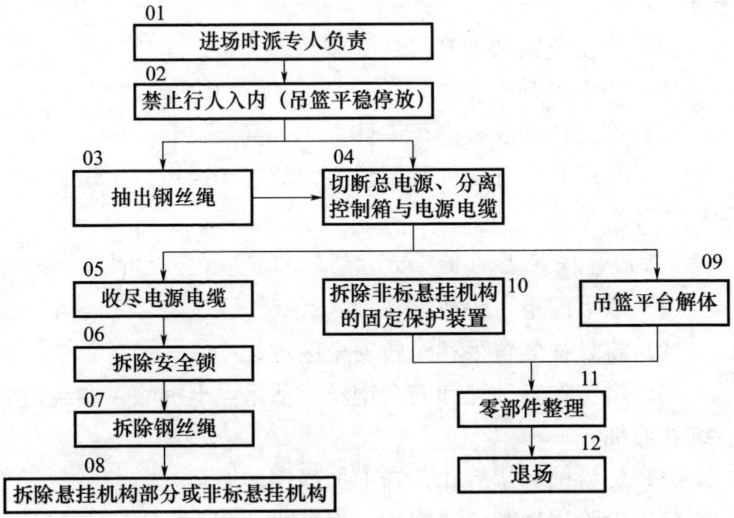


图 8-2-1　高处作业吊篮拆除作业流程图

高处作业吊篮的拆除应遵循先下后上的原则，即先拆除悬吊平台；再连接悬挑平台和悬挂装置的钢丝绳和电缆线，最后拆除悬挂装置。

（一）钢丝绳和电缆线的拆除方法

（1）卸下安全钢丝绳上的重锤。

（2）启动下行按钮将工作钢丝绳从提升机中抽出。

（3）将安全钢丝绳从安全锁中抽出。

（4）切断总电源，把电源电缆从电控箱上的航空插头处卸下卷绕成卷后绑扎成捆。

（5）将工作钢丝绳和安全钢丝绳拉上楼顶或安装悬挂装置的楼层。

（6）把钢丝绳和限位挡板从悬挂装置上卸下。

（二）悬吊平台的拆除方法

（1）将电动机和手持式开关的电缆插头从电控箱上的插座上卸下。

（2）将安全锁和提升机从安装架上卸下。

（3）卸下提升机安装架。

（4）将栏杆和底板进行解体。

（5）将所有零部构件码放整齐，放置于通风、干燥、无腐蚀气体环境中。

（三）悬挂装置的拆除方法

（1）取下配重，码放整齐。

（2）将悬挂装置平移至较安全区域。

（3）将工作钢丝绳和安全钢丝绳从吊点上拆除，卷绕成卷后绑扎成捆。

（4）旋松锁具螺旋扣，卸下加强钢丝绳。

（5）拆除连接螺栓或销轴，将横梁从前、后支座上拆下。

（6）拆除连接螺栓，拆散前、中、后梁。

## 二、拆除作业的安全技术要求

高处作业吊篮拆除时应按照专项施工方案，并在专业人员的指挥下实施。

（一）电气系统拆除安全技术要求

（1）在拆卸电气设备之前，必须确认电源已经被切断。

（2）应由电源端向用电端进行拆除。

（3）将拆下的电控箱放置在不易磕碰的位置，避免损坏。

（4）将拆下的电源电缆卷成直径600mm左右的圆盘，并且扎紧放置在安全位置。

（二）钢丝绳拆除安全技术要求

（1）拆卸人员必须系好安全带后，方可将钢丝绳收回到屋顶或安装悬挂装置的楼层。

（2）将钢丝绳从悬挂装置上拆下后，卷成600mm左右的圆盘，并且扎紧放置在平坦干燥处。

（三）悬挂装置拆除安全技术要求

（1）在建（构）筑物屋面上进行悬挂装置的拆除作业时，作业人员应与屋面边缘保持2m以上的安全距离，并应对作业人员和设备采取相应的安全防护措施，其安全防护措施应符合现行行业标准《建筑施工高处作业安全技术规范》（JGJ 80）的规定。

（2）拆卸分解后的零部件不得放置在建（构）筑物边缘，并应采取防止坠落的措施。

（3）拆卸的配重应码放稳妥，不得堆放过高，防止倾倒伤人。

（4）零散物品应放置在容器中，避免散落丢失或坠落伤人。

（5）不得将任何零部件、工具和杂物从高处抛下。

（四）悬吊平台及相关部件拆除安全技术要求

（1）拆卸人员从悬吊平台上拆卸提升机时，须配合默契、统一，防止被挤伤或砸伤。

（2）将拆下的平台结构件分类码放整齐，堆放不宜过高。

（3）将拆下的提升机、安全锁和电控箱分类码放，不得相互挤压或碰撞。

# 第九章　吊篮主要零部件

一名合格的高处作业吊篮安装与拆卸工，应当熟知高处作业吊篮主要零部件的性能、作用和报废标准，并且能够按照规定的报废标准，准确判断零部件是否应该报废，根据主要零部件的性能和作用，正确更换主要零部件。

## 第一节　掌握主要零部件的性能和作用

### 一、提升机及其主要零部件的性能和作用

（一）提升机的作用

提升机是高处作业吊篮的动力装置，其作用是为悬吊平台的上、下运行提供动力，并且使悬吊平台能够停止在作业范围内的任意高度位置上。

（二）提升机的主要零部件

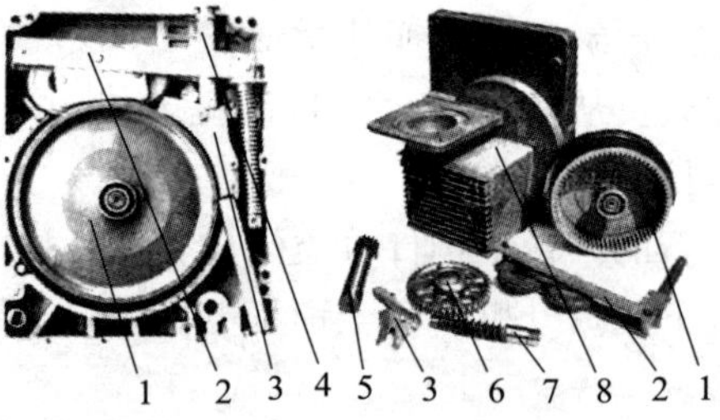


图 9-1-1　提升机的主要零部件

1—绳轮；2—压绳组件；3—导绳块；4—进绳管；5—小齿轴；6—蜗轮；7—蜗杆；8—箱体

（三）绳轮的性能和作用

1. 绳轮的性能要求

绳轮一般由支撑轴、内齿圈和绳槽等结构组成，是组成提升机的关键主要零件。

支撑轴结构需要具有较高的强度，用以支承齿圈和绳槽部分，并传递和承受较大的转矩和弯矩；轴径部位需要较高的尺寸精度和轴承内孔配合，以及较高的位置精度，来保证齿圈与小齿轮正常啮合且平稳转动。

内齿圈结构要求具有较高强度、耐磨性和冲击韧性，以保证齿轮减速传动的可靠性和耐用性；转齿部分需要较高尺寸精度和位置精度，以确保正常啮合且平稳转动。

绳槽结构要求具有较高的耐磨性，以满足在与钢丝绳长期摩擦状态下的使用寿命。

为满足上述要求绳轮至少应选用40Cr材料制作，若采用高级氮化钢（38CrMoAl）材料制作可获得更好的渗氮效果及整体强度，大大提高绳槽部分的耐磨性以及齿部的抗冲击能力。

为达到绳轮的基本性能要求，其制作工艺相对复杂。其加工工艺路线：锻造毛坯、毛坯正火（热）、粗加工、调质处理（热）、半精加工、稳定回火（热）、精加工至图纸尺寸、制齿、渗氮处理（热）。

2. 绳轮的作用

（1）内齿圈与小齿轴啮合，起到减速增距的作用，传递由电动机传来的动力。

（2）靠绳槽卷绕钢丝绳，在压绳组件的作用下，绳槽与钢丝绳之间产生摩擦力，使提升机产生向上爬升的动力。

（四）小齿轴的性能和作用

1. 小齿轴的性能要求

小齿轴整体结构需要具有较高的强度用以传递和承受较大

的转矩和弯矩；轴径部位需要较高的尺寸精度与轴承内孔配合，以及较高的位置精度，来保证轮齿部分的正常啮合且平稳转动。

齿部要求具有较高强度、耐磨性和冲击韧性，以保证齿轮减速传动的可靠性和耐用性；齿部需要较高尺寸精度和位置精度，以确保正常啮合且平稳转动。

小齿轴宜选用 40Cr 材料制作以满足齿部的耐磨性及抗冲击性的要求。

小齿轴的加工工艺路线：圆钢下料、粗车、调质处理（热）、精车至图纸尺寸、制齿、渗氮处理（热）。

2. 小齿轴的作用

小齿轴将蜗轮传递来的动力通过齿轮啮合的形式的传递给绳轮，起到第二级减速增扭的作用。

（五）蜗杆的性能和作用

1. 蜗杆的性能

蜗杆的性能与小齿轴相似，只是比小齿轴转速更高，需要更高的耐磨性。

蜗杆应采用 40Cr 或高级氮化钢（38CrMoAl）材料制作以满足更高的耐磨性及抗冲击性的要求。

蜗杆的加工工艺路线：圆钢下料、粗车、调质处理（热）、精车至图纸最终尺寸、渗氮处理（热）。

2. 蜗杆的作用

蜗杆将电动机输出轴传递来的动力传递给蜗轮，起到第一级减速增扭的作用。

（六）蜗轮的性能和作用

1. 蜗轮的性能

蜗轮齿部需要一定的强度用以传递和承受转矩和弯矩；齿面需要良好的减磨、抗磨性能、抗胶合性能和跑合性能，用于满足正常啮合与传动；轮毂孔需要较高的尺寸精度与小齿轴外径配合，以及较高的位置精度来保证轮齿部分与蜗杆正常啮合且平稳转动。

蜗轮宜选用具有一定强度且耐磨性和抗胶合性较高的铸造铜合金材料制作。一般常用铸造锡青铜（$ZCuSn_{10}Pb_1$）、铸造锡锌青铜（$ZCuSn_{10}Zn_2$）或铸造铝铁青铜（$ZCuAl_{10}Fe_3$）等材料。以铜和锡（或铝）为主的软硬二相组成的合金材料，软组织易于跑合，硬组织用于承载，非常适合蜗轮材料的特性。

蜗轮加工工艺路线：铸造毛坯、精车轮坯、插制键槽、滚制齿形。

2. 蜗轮的作用

蜗轮与蜗杆啮合起到第一级减速增扭的作用。

（七）压绳组件的性能和作用

1. 压绳组件的组成

压绳组件主要由压绳轮、杠杆臂、压力弹簧和弹簧导柱等组成。

2. 压绳组件的作用

通过铰接在提升机箱体上的杠杆臂，使压力弹簧的压力传递到压绳轮上，由压绳轮施加在钢丝绳上的压力，使钢丝绳与绳轮之间产生足够大的摩擦力，驱动提升机爬升。弹簧导柱起到保持弹簧受压稳定性的作用，其尾部螺母起调节弹簧压力的作用：杠杆臂起到扩大压力的作用。

（八）导绳块的性能和作用

1. 导绳块的性能

导绳块也称为分绳块，应具有良好分绳和导绳性能且应具有较高的耐磨性。导绳块一般采用铸钢或尼龙材料制成。

2. 导绳块的作用

将由进绳管进入提升机的钢丝绳顺畅地导入绳轮和压绳轮之间，并且将经过绳轮缠绕的钢丝绳，顺利地导入出绳管及提升机出绳口。

（九）进绳块的性能和作用

进绳管起到将钢丝绳顺畅导入提升机的作用，另外作为易损件，可起到保护提升机箱体进绳处不被磨损的作用。进绳管一般采用低碳钢管材制作。

（十）箱体的性能和作用

提升机箱体应具有一定的机械强度，用来承受减速部分、卷绳/压绳部分和手动滑降限速部分的工作荷载，具有较轻的自重，以增加提升机的有效提升力。

箱体一般采用铝合金铸造成型，经过加工中心一次完成所有加工工序。

## 二、制动器及其主要零部件的性能和作用

（一）制动器的作用

制动器是高处作业吊篮提升机的重要部件。制动器在起升机构中不仅起到减速制动和准确停位的作用，而且还起到维持安全制动的作用。

（二）制动器的主要组成部分及其作用

（1）制动器主要由驱动装置、施力装置、传动构件、摩擦元件和机座五部分组成。

（2）驱动装置的作用是为传动构件提供驱动力。高处作业吊篮采用的电磁制动电动机，其制动器的驱动装置就是电磁线圈＋电磁铁。

（3）施力装置的作用是对摩擦元件施加工作压力以产生摩擦制动力或制动力矩。高处作业吊篮采用的制动器属于常闭式（常态下处于闭合状态，通电后释放）制动器，其施力装置是一组圆周分布的压力弹簧。

（4）传动机构的作用是将驱动装置的驱动力和施力装置的工作压力传递到摩擦元件上。

（5）摩擦元件的作用是与机座之间产生摩擦力或摩擦力矩。

（6）机座的作用是固定制动器上的所有不旋转的装置、机构和元件，为摩擦元件提供反作用力。

## 三、安全锁及其主要零件的性能和作用

### （一）安全锁的作用

安全锁是高处作业吊篮的安全保护装置。其作用是：在悬吊平台开始作业时，一旦提升机失效平台下降失控或工作钢丝绳破断，造成平台过度倾斜或坠落时，安全锁会立即锁定在安全钢丝绳上，避免悬吊平台倾翻或坠落。

### （二）安全锁的主要部件

安全锁主要由锁绳机构、触发机构和壳体三部分组成。

1. 锁绳机构的组成

主要由绳夹、套板、预紧弹簧和定位轴等零件组成。

2. 离心触发机构的组成

主要由测速轮、压紧轮、离心甩块、预紧弹簧、拨杆和锁块组成。

3. 摆臂触发机构的组成

主要由滚轮、摆臂支板和压杆组成。

4. 绳夹的性能和作用

绳夹的作用是夹紧钢丝绳且不得打滑，还要承受安全锁锁绳的冲击荷载。因此绳夹需要很高的强度、耐冲击性和耐磨性。高品质的绳夹通常选用制作涡轮发动机叶片的不锈钢精密铸造成型。

5. 套板的性能和作用

两组套板通过双月形孔与绳夹的两个半圆形凸台配合组成一套四连杆机构。当被触发时，绳夹对钢丝绳将越夹越紧，形成自锁效应。套板即四连杆机构中的连杆。套板的双月形孔周围需要较高的强度、冲击韧性和耐磨性。套板的材料与绳夹相

同，采用制作涡轮发动机叶片的不锈钢精密铸造成型。

6. 壳体的性能和作用

壳体用于包容和支承锁内零件。壳体属于冷冲压拉伸零件，需要较高的延伸性，故应采用 08 号优质碳素结构钢钢板制作。

7. 预紧弹簧的性能和作用

预紧弹簧的作用是使绳夹预紧在钢丝绳上并且产生一定初压力，为安全锁触发时，绳夹夹紧钢丝绳做好准备。预紧弹簧的材料可采用 65Mn 钢制作，采用 $60Si_2Mn$ 钢更佳。因为加入了硅元素可以显著提高材料的弹性极限及回火稳定性，从而获得更良好的机械性能。

8. 托座的性能和作用

托座采用铸钢件制作。通过螺栓与壳体连接为整体，用于将安全锁连接固定在安装架上。托座需具备一定的强度以承受安全锁的冲击荷载。

9. 摆臂支架的性能和作用

摆臂支架采用低碳钢板制作。板状摆臂支架一端用于固定滚轮，另一端铰接在壳体上，通过摆臂支架上的方孔与两端设有方榫的压杆轴配套使用。

## 四、主要结构件的性能和作用

### （一）主要结构件的作用

（1）高处作业吊篮的结构件主要集中在悬挂装置和悬吊平台部分。

（2）悬挂装置的作用是通过悬挂在其端部的钢丝绳承受悬吊平台升空作业时的全部自重、工作荷载和风荷载等的总悬吊荷载。悬挂装置是高处作业吊篮的基础结构件，是悬挂悬吊平台的“根”。

（3）悬吊平台是高处作业吊篮载人载物升空作业的篮状结

构件。其作用是搭载作业人员、工具和材料进行高处作业。

（二）主要结构件的性能要求

（1）主要结构件应具有一定的强度和刚度，在承受极限荷载及设计允许的冲击荷载时不应发生永久变形或断裂等失效现象。

（2）高处作业吊篮的结构件一般采用普通碳素钢 Q235 制作，重要结构件或要求自重轻的结构则采用低合金钢 Q345 制作。

### 五、钢丝绳的性能和作用

（一）钢丝绳的作用

钢丝绳是承受悬吊平台全部荷载的主要受力构件。工作钢丝绳的作用是牵引悬吊平台升降并且承受悬吊平台悬空作业的全部荷载。安全钢丝绳的作用是与安全锁配套，对高处作业吊篮起安全保护作用。

（二）钢丝绳的性能

高处作业吊篮对钢丝绳的性能要求，详见本书第五章。

## 第二节　掌握主要零部件的报废标准

### 一、提升机主要零部件的报废标准

（一）绳轮的报废标准

（1）支承轴径磨损程度，达到其轴径尺寸小于设计规定的最小极限尺寸减 10%公差带宽度时，应报废。

（2）内齿圈存在裂纹或断齿的，应报废。

（3）齿面发生点蚀或剥落，点蚀或剥落面积大于啮合面积的 30%且深度达到 20%齿厚时，应报废。

（4）齿面产生胶合，胶合面积大于啮合面积的 20%且深度达到 10%齿厚时，应报废。

（5）齿面塑性变形峰谷高差大于 20%模数时，应报废。

（6）齿厚磨损量大于 10%模数时，应报废。

（7）绳槽表面发生点蚀，点蚀面积大于轮槽面积的 30%且深度达到 10%钢丝绳直径时，应报废。

（8）绳槽表面产生胶合，胶合面积大于轮槽面积的 30%且深度达到 10%钢丝绳直径时，应报废。

（9）绳槽表面磨损深度达到 15%钢丝绳直径时，应报废。

（二）小齿轴的报废标准

（1）支承轴径磨损程度，达到其轴径尺寸小于设计规定的最小极限尺寸减 10%公差带宽度时，应报废。

（2）存在裂纹或断齿的，应报废。

（3）齿面发生点蚀或剥落，点蚀或剥落面积大于啮合面积的 30%，且深度达到 20%齿厚时应报废。

（4）齿面产生胶合，胶合面积大于啮合面积的 20%且深度达到 10%齿厚时，应报废。

（5）齿面塑性变形的峰谷高差大于 20%模数时，应报废。

（6）齿厚磨损量大于 10%模数时，应报废。

（三）蜗杆的报废标准

蜗杆的报废标准与小齿轴相同。

（四）蜗轮的报废标准

（1）蜗轮轮毂孔尺寸大于最大极限尺寸＋10%公差带宽度时，应报废。

（2）轮齿存在裂纹或断齿的，应报废。

（3）齿面发生点蚀或剥落，点蚀或剥落面积大于啮合面积的 30%且深度达到 20%齿厚时，应报废。

（4）齿面产生胶合，胶合面积大于啮合面积的 20%且深度达到10%齿厚时，应报废。

（5）齿面塑性变形的峰谷高差大于20%模数时，应报废。

（6）齿厚磨损量大于20%模数时，应报废。

（五）压绳组件的报废标准

（1）压绳轮轮槽表面点蚀大于30%且深度达到10%钢丝绳直径时，应报废。

（2）压绳轮轮槽表面胶合大于20%且深度达到10%钢丝绳直径时，应报废。

（3）压绳轮轮槽表面磨损深度达到15%钢丝绳直径时，应报废。

（4）压力弹簧断裂或弹性不足以满足压绳要求时，应报废。

（六）导绳块的报废标准

（1）出现裂纹或断裂时，应报废。

（2）交叉设置的进绳槽与出绳槽之间被磨穿时，应报废。

（3）进绳槽或出绳槽表面出现损伤钢丝绳的缺陷时，应报废。

（七）进绳管的报废标准

（1）入口处磨损达到2倍钢丝绳直径时，应报废。

（2）内孔表面出现损伤钢丝绳的缺陷时，应报废。

（八）箱体的报废标准

（1）箱体出现裂纹时，应报废。

（2）轴承座孔尺寸大于最大极限尺寸＋10%公差带宽度时，应报废。

（3）限速器座孔磨损大于1.0mm，应报废。

（4）漏油大于1滴/10min，且无法修复时应报废。

## 二、制动器及其主要零件的报废标准

（一）驱动装置的报废标准

（1）线圈烧毁的应报废。

(2) 引线断开且不能修复的应报废。

(3) 铁芯卡滞且不能修复的应报废。

(二) 施力装置的报废标准

(1) 弹簧产生了永久变形并且永久变形量达到了弹簧工作变形量的10%以上的应报废。

(2) 弹簧断 (碎) 裂的应报废。

(3) 弹簧表面产生了20%以上锈蚀或有明显的损伤痕迹的应报废。

(三) 传动机构的报废标准

高处作业吊篮的制动器的传动机构简单、直接，一般无报废的可能。

(四) 摩擦元件的报废标准

(1) 摩擦材料层磨损量 (厚度) ≥1/2的原始厚度时，应报废。

(2) 制动表面出现30%以上的碳化面积或20%以上面积出现剥脱现象时，应报废。

(3) 制动表面出现裂纹或较严重的龟裂现象时，应报废。

## 三、安全锁及其主要零部件的报废标准

(一) 绳夹的报废标准

(1) 发现裂纹时应报废。

(2) 半圆形凸肩磨损量大于10%原凸肩尺寸时，应报废。

(3) 圆弧槽底最大磨损量大于10%钢丝绳公称直径时，应报废。

(4) 绳夹变形至绳槽所在平面的平面度大于0.1mm时，应报废。

(二) 套板的报废标准

(1) 出现裂纹时，应报废。

（2）双半月孔磨损量大于10%原孔尺寸时，应报废。

（三）壳体的报废标准

（1）轴套座孔的长轴直径大于基本尺寸+0.2mm时，应报废。

（2）表面锈蚀深度大于0.2mm时，应报废。

（四）预紧弹簧的报废标准

（1）发生断裂时，应报废。

（2）失去应有的弹性时，应报废。

（五）托座的报废标准

（1）发现裂纹时，应报废。

（2）表面锈蚀深度大于0.5mm时，应报废。

（六）摆臂支架的报废标准

（1）发现裂纹时，应报废。

（2）表面锈蚀深度大于0.2mm时，应报废。

## 四、主要结构件的报废标准

（1）重要结构件经过补焊处置后，再次发生裂纹的，应报废。

（2）套接在外部的管件，在套接部分出现裂纹时，应报废。

（3）重要结构件发生贯穿横截面达三分之一以上的裂纹时，应报废。

（4）发生其他影响使用功能且无法修复的裂纹时，应报废。

（5）管件发生纵向弯曲变形量大于2%，扭曲变形至扭转角大于10°，局部凹陷严重，影响管件正常套接的严重变形，且无法修复时，应报废。

（6）符合产品使用说明书规定厚度尺寸的结构件表面发生锈蚀，其锈蚀量大于10%原壁厚的，应报废。

(7) 不符合有关标准规定的最小壁厚度尺寸的结构件，应直接报废。

(8) 结构强度不能符合平台加载试验和稳定性要求，或不符合悬挂装置静载试验要求，且无法修复和加强时，应报废。

## 五、钢丝绳的报废标准

### (一) 钢丝绳报废的模式

钢丝绳的劣化（趋于报废）模式有：可见断丝数量、钢丝绳直径减小、绳股断裂、腐蚀、畸形、机械损伤和热损伤（包括电弧）等。

### (二) 钢丝绳判断报废的依据

依据现行《起重机 钢丝绳 保养、维护、检验和报废》(GB/T 5972) 规定，当钢丝绳的劣化程度达到以下判废标准时，应报废。

1. 可见断丝数量

钢丝绳股顶断丝如图 9-2-1 所示，钢丝绳股沟断丝如图 9-2-2 所示。

图 9-2-1　钢丝绳股顶断丝

图 9-2-2　钢丝绳股沟断丝

可见断丝数量达到表 9-2-1 规定断丝数量的钢丝绳时，应报废。

**表 9-2-1　钢丝绳中达到报废程度的最少可见断丝数**

| 外层股钢丝总数 $n$ | 可见外部断丝的数量 | |
|---|---|---|
| | 6$d$ 长度范围内 | 30$d$ 长度范围内 |
| $51 \leqslant n \leqslant 75$ | 2 | 4 |
| $76 \leqslant n \leqslant 100$ | 4 | 8 |
| $101 \leqslant n \leqslant 120$ | 5 | 10 |
| $121 \leqslant n \leqslant 140$ | 6 | 11 |

注：1. 本表仅适用于爬升式高处作业吊篮使用的交互捻钢丝绳；

2. 填充丝不作为承载钢丝，因而不包括在 $n$ 内；

3. 每股不大于 19 根钢丝的外粗式钢丝绳的取值位置，在“外层股钢丝总数”所在行之上的第二行；例如，6×19S 型钢丝绳，$n=114$；应在“$51 \leqslant n \leqslant 75$”行取值；

4. $d$ 为钢丝绳公称直径；

5. 绳端固定装置处的断丝达到两根或更多，应报废；

6. 局部聚集集中在一个或两个相邻的绳股，即使 6$d$ 长度范围内的断丝数量低于表 9-2-1 中的规定值，也要报废；

7. 股沟断丝，在 6$d$ 长度范围内出现两根或更多，应报废。

2. 钢丝绳直径减小

（1）纤维芯单层股钢丝绳，直径减小量大于或等于 10%公称直径，应报废；

（2）钢芯单层股钢丝绳，直径减小量大于或等于 7.5%公称直径，应报废；

（3）如图 9-2-3 所示，由绳芯或钢丝绳中心区损伤导致的直径局部减小，应报废。

外部磨损是导致钢丝绳直径减小的原因之一，外部磨损情况如图 9-2-4 所示。

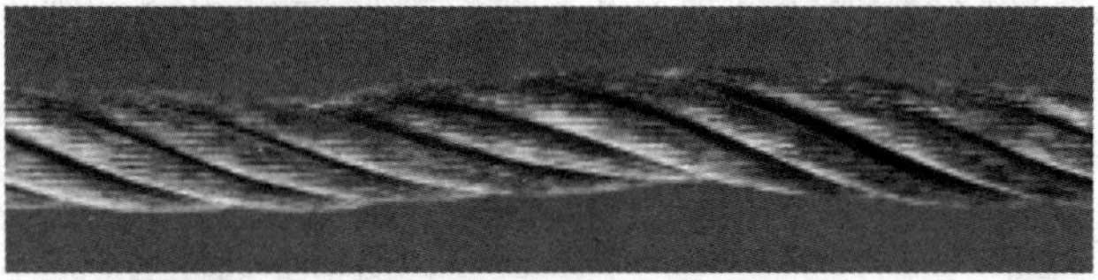

图 9-2-3　钢丝绳直径局部减小（绳股凹陷）

图 9-2-4　钢丝绳外部磨损

3. 断股

如图 9-2-5 钢丝绳发生断股，应立即报废。

图 9-2-5　钢丝绳断股

4. 腐蚀

（1）外部腐蚀：发现钢丝绳表面重度发生凹痕及钢丝严重松弛（图 9-2-6）时，应报废。

（2）内部腐蚀：如图 9-2-7 所示，发现腐蚀碎屑从外股绳之间的股沟溢出时，应考虑报废。虽然对内部发生的评估是主观的，但对内部腐蚀的严重程度有怀疑，就宜将钢丝绳报废。

图 9-2-6　钢丝绳外部腐蚀

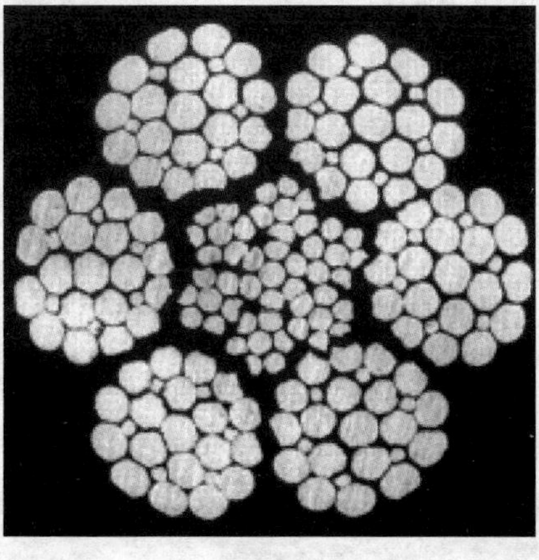

图 9-2-7　钢丝绳内部腐蚀

5. 畸形和损伤

(1) 波浪形

如图 9-2-8 所示，出现以下情况之一，钢丝绳应报废。

图 9-2-8　波浪形钢丝绳

① 在从未经过、绕进滑轮或缠绕在卷筒上的钢丝绳直线区段上，直尺和螺旋面之间的间隙≥1/3×$d$。

② 在经过、绕进滑轮或缠绕在卷筒上的钢丝绳区段上，直尺和螺旋面之间的间隙≥1/10×$d$。

(2) 笼状畸形

如图 9-2-9 所示，出现篮状或灯笼状畸形的钢丝绳应立即报废。

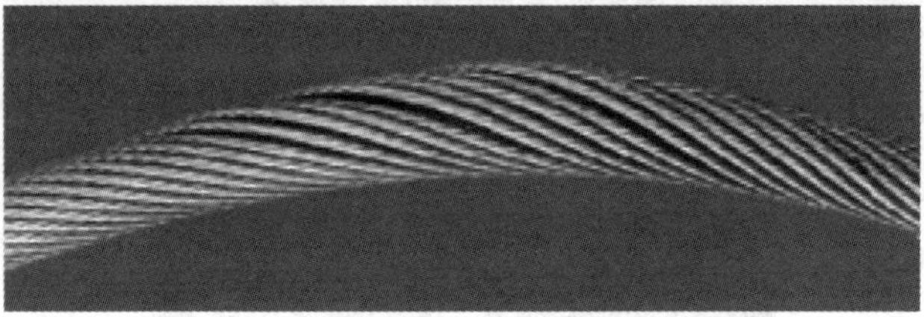

图 9-2-9　笼状畸形

(3) 绳芯凸出和绳股凸出或扭曲

如图 9-2-10 所示发生绳芯凸出或图 9-2-11 所示绳股凸出的钢丝绳应立即报废。

图 9-2-10　绳芯凸出

图 9-2-11　绳股凸出或扭曲

绳芯或绳股凸出是篮状或灯笼装畸形的一种特殊类型，其表征为绳芯或钢丝绳外层股之间中心部分的凸出或外层股、绳芯的凸出，应报废。

（4）钢丝的环状凸出

如图 9-2-12 所示，发生绳丝环状凸出的钢丝绳，应立即报废。

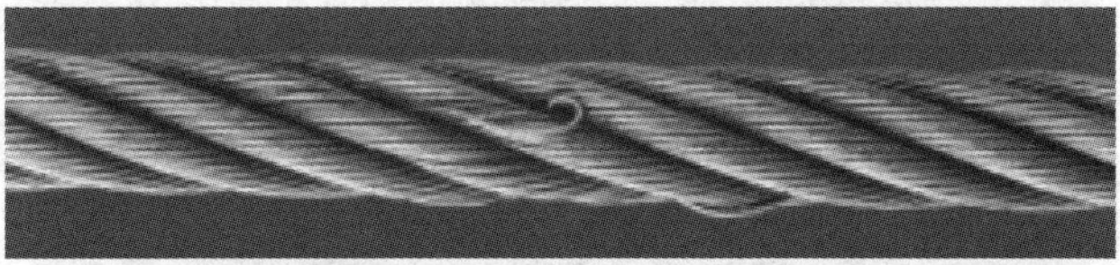

图 9-2-12　钢丝凸出

（5）绳径局部增大（图 9-2-13）

钢芯钢丝绳直径增大 5%及以上，纤维芯钢丝绳直径增大 10%及以上，应查明其原因并考虑报废钢丝绳。

图 9-2-13　绳芯扭曲引起的钢丝绳直径局部增大

（6）局部扁平

如图 9-2-14 所示，钢丝绳的扁平区段经过滑轮或绳轮的，应考虑报废。

图 9-2-14　局部扁平

（7）扭结

如图 9-2-15～图 9-2-17 所示，发生扭结的钢丝绳应立即报废。

图 9-2-15　钢丝绳扭结（正向）

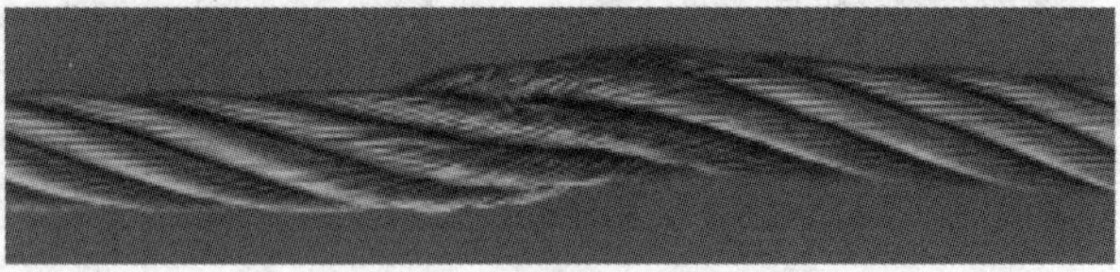

图 9-2-16　钢丝绳扭结（反向）

图 9-2-17　钢丝绳扭结

（8）内绳凸出

如图 9-2-18 所示，出现内绳凸出的钢丝绳，应立即报废。

图 9-2-18　内绳凸出

（9）折弯

折弯严重的区段需经过滑轮或绳轮的钢丝绳，应立即报废。

在弯折部位底面伴随有折痕，无论是否经过滑轮或绳轮，均宜看作是严重弯折。

（10）热或电弧引起的损伤

① 外观能够看出被加热后颜色的裱花或钢丝绳上润滑脂异常消失的钢丝绳，应立即报废。

② 两根或更多钢丝局部受到电弧影响的钢丝绳，应立即报废。

# 第十章　吊篮安全装置

高处作业吊篮的主要安全装置有安全锁、手动滑降装置、防倾斜装置、行程限位装置、急停装置、超载检测装置等。

安全装置调试与固定是否适当或可靠，将影响安全装置的保护功能能否正常发挥。因此，高处作业吊篮安装与拆卸工应当熟练地掌握安全装置的调试和固定方法。

## 第一节　掌握安全装置的调试

### 一、安全锁的调试方法

*（一）摆臂防倾式安全锁的调试方法*

1. 调试准备

（1）待高处作业吊篮整机安装完毕；

（2）接通电源；

（3）提升悬吊平台离开地面 2m 左右，确认运行正常。

2. 测量安全锁的实际锁绳角度

（1）提升悬吊平台离开地面 1m 左右停止；

（2）将万能转换开关旋至一侧提升机单动挡；

（3）按下行按钮使悬吊平台一侧下降发生倾斜；

（4）直至安全锁锁住安全钢丝绳为止；

（5）测量悬吊平台底部两端与水平地面之间的高度差；

（6）如图 10-1-1 所示，根据平台高度差与平台长度尺寸比值的反正弦函数，可换算出安全锁的实际锁绳角度。

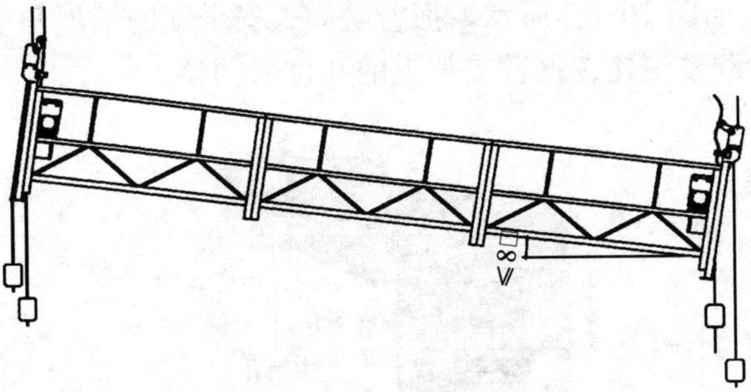

图 10-1-1　平台倾斜角度示意图

为方便现场使用人员快速换算安全锁实际锁绳角度，可按图 10-1-2 所示的平台高度差与锁绳角度的对应关系，查询表 10-1-1 即可获得安全锁实际锁绳角度。

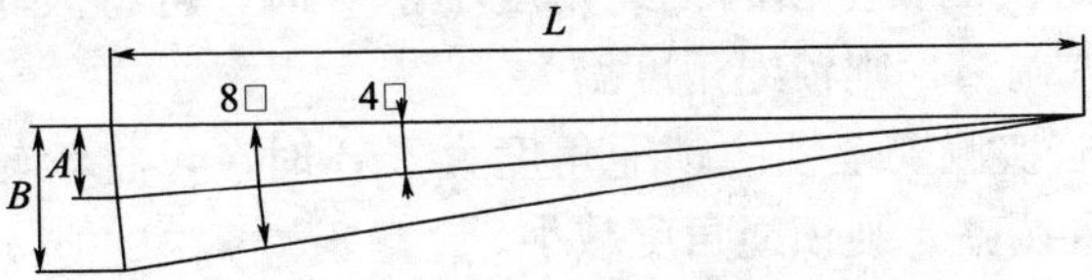


图 10-1-2　平台高度差与锁绳角度关系简图

**表 10-1-1　常用平台高度差与锁绳角度的对应表**

| 序号 | 平台长度 $L$（mm） | 锁绳角度对应的平台高度 $A$ 和 $B$ | |
|---|---|---|---|
| | | 4°对应 $A$（mm） | 8°对应 $B$（mm） |
| 1 | 1500 | 105 | 209 |
| 2 | 2000 | 140 | 278 |
| 3 | 3000 | 209 | 418 |
| 4 | 4000 | 279 | 557 |
| 5 | 5000 | 349 | 696 |
| 6 | 6000 | 419 | 835 |
| 7 | 7500 | 523 | 1044 |

3. 如图 10-1-3 所示，摆臂防倾式安全锁的锁绳角度太小，可通过调整滚轮在摆臂支架上的孔位来调整。

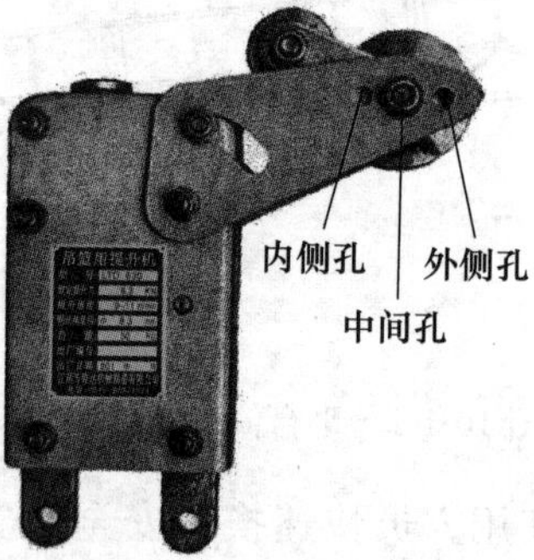


图 10-1-3　锁绳角度调整图

4. 若实测安全锁的锁绳角度小于 4°时，可将滚轮向外侧孔的位置调整，则锁绳角度增大。

5. 若实测安全锁的锁绳角度大于 8°时，可将滚轮向内侧孔的位置调整，则锁绳角度减小。

6. 经过调整滚轮位置仍无法达到适当锁绳角度的安全锁，则须由专业制造厂商进行调整，且调整后须经专业检测设备进行检测和标定，合格后方可继续使用。

（二）离心触发式安全锁的调试方法

1. 调试准备

（1）做好操作前的准备工作；

（2）将悬吊平台落在平整地面上；

（3）拆除安全钢丝绳上的重锤，使钢丝绳处于自由悬垂状态。

2. 测试安全锁的锁绳灵敏度

（1）用手握紧安全锁进绳口附近的钢丝绳；

（2）快速向上抽动钢丝绳；

（3）观察安全锁应能触发，则为正常；若不能触发，则应更换。

3. 安全锁的调整

（1）离心触发式安全锁在施工现场只能定性测试；

（2）离心触发式安全锁不得在施工现场进行调整或检修；

（3）离心触发式安全锁只能由专业制造厂商进行调整和检修，且调整或检修后须经专业出检测设备进行检测和标定，合格后方可使用。

## 二、手动滑降装置的测试与调整方法

（一）测试准备

（1）作业人员将安全带系在安全绳上后，将空载状态的悬吊平台上升至离开地面 3～5m 处停住。

（2）取出提升机手柄拨杆。

（3）将手柄拨杆旋（或插）入电动机风罩内的拨叉孔处。

（二）测试滑降速度

（1）由两名操作人员分别站在悬吊平台两端，将安全带系在安全绳上后，同时向上抬起手柄拨杆。手动滑降操作示意图详见图 10-1-4。

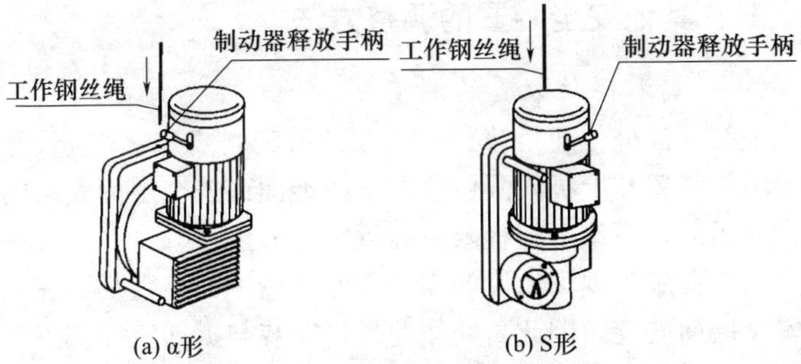


图 10-1-4　手动滑降操作示意图

（2）观察悬吊平台滑降情况。

（3）平台应能平稳滑降，且滑降速度应不小于20%的提升机额定升降速度。

（4）将额定荷载的悬吊平台上升至离开地面3～5m处停住。

（5）重复步骤1和步骤2。

（6）滑降速度应不大于30m/min。

（三）滑降速度的调整

下降制动装置的制动力矩的大小决定了提升机的滑降速度，而制动力矩的大小又取决于小弹簧的拉力。小弹簧的拉力越大离心块越难被离心作用甩出，制动力矩就越小，下降速度就快；反之小弹簧的拉力越小，则下降速度随之降低。

由此可见，通过调整小弹簧的拉力大小，就可以调整滑降速度。

按现行《高处作业吊篮》（GB/T 19155）规定："提升机的手动滑降速度应调整到略大于1.2倍的提升机额定升降速度为宜"。

鉴于调整小弹簧的拉力的操作专业性很强，建议由专业制造厂商进行调整。

## 三、其他安全装置的调整方法

（一）行程限位装置的调整

现行《高处作业吊篮》（GB/T 19155）规定："应设置上行程限位装置和上极限限位装置；在地面或安全层面安装的高处作业吊篮可不设下行程限位装置"。

由于在施工现场使用的高处作业吊篮绝大多数都是在地面或安全层面安装，因此高处作业吊篮安装与拆卸工需重点掌握上行程限位装置的安装与调试方法。

1. 上行程限位装置的安装（图10-1-5）

图 10-1-5　上限位开关安装图

（1）按高处作业吊篮安装拆卸专项施工方案设定的最大作业高度，确定并安装上行程限位装置的限位挡块。

（2）若无具体位置规定的，一般将限位挡板设施在距悬臂底部不得小于 0.8m 的位置，保留有一定的安全距离。

（3）将上行程限位开关用螺钉固定在行程开关支板上。

2. 上行程限位开关的调整（图 10-1-6）

(a) 固定杠杆臂型　　(b) 可调杠杆臂型

图 10-1-6　行程开关调整示意图

（1）高处作业吊篮一般选用摆臂式行程开关，摆臂式行程开关通常分为固定杠杆臂型和可调杠杆臂型两种。

（2）对于固定杠杆型摆臂行程开关，只需调整摆臂倾斜角度即可。

（3）对于可调杠杆型摆臂行程开关，不仅需要调整摆臂倾斜角度，还需调整摆臂杠杆的伸出长度。

（4）调整的目的是使行程开关臂端的滚轮能够可靠、有效地触碰限位挡块。

（5）摆臂角度的调整方法如下：

① 松开固定摆臂角度的螺母；

② 拔出摆臂；

③ 转动摆臂至合适的角度；

④ 插入摆臂；

⑤ 拧紧螺母。

（6）摆臂杠杆伸出长度的调整方法如下：

① 松开固定摆臂杠杆伸出长度的螺母；

② 调整摆臂外伸长度；

③ 拧紧螺母。

### （二）防倾斜装置的调整

现行《高处作业吊篮》（GB/T 19155）规定："装有 2 台或多台独立的起升机构应安装自动防倾斜装置，当平台纵向倾斜角度大于 14°时，应能自动停止平台的升降运动。此装置可为电子式或机械式"。

摆臂防倾式安全锁可以作为高处作业吊篮的机械式防倾斜装置，调整方法详见本章前文内容。

电子防倾斜装置用具有两个功能：上升时，停止高端提升机的上升动作；下降时，停止较低端提升机的下降动作。

电子式防倾斜装置的调整，应由高处作业吊篮的供应商负责。

### （三）超载检测装置的调整

现行《高处作业吊篮》（GB/T 19155）规定："高处作业吊篮宜安装超载检测装置"，"超载检测装置应在达到提升机的 1.25 倍极限工作荷载时或之前触发"。

超载检测装置的调整方法如下：

（1）将悬吊平台平稳落在坚实平整的地面上；

（2）在悬吊平台内均匀装载 2×15%的提升机极限工作荷载；

（3）将万能转换开关旋转至中间位置（即 2 台提升机同时工作挡）；

（4）按上升按钮，平台应正常向上运行；

（5）在悬吊平台内再增加 2×15%的提升机极限工作荷载；

（6）按上升按钮，平台应不能上升；

（7）若不能满足上述工况，应调整超载检测装置，使之符合规定。

## 第二节　掌握作业人员安全绳的固定方法

### 一、安全绳安装方法

（1）使电动吊篮安全绳与承重绳两绳处于平行垂吊状态，然后将安全器液轮支臂向前推至垂直的位置。

（2）安全绳在顶端用三个卡扣依次拧紧并套好鸡心环，再套在挑梁前端的穿钉上。

（3）将安全绳在距地面 200mm 处用同样的方法固定于坠砣上，检查是否与工作绳扣缠连，如两绳呈并行，就可将顺放于地面上的配重螺纹钢从坠砣环中穿入，压上或连接约 25kg 的重物。

（4）将工作绳端头从坠砣平面带有外螺纹孔的坠砣拉芯穿过拉紧。距地面约 400mm 处用紧固螺母紧固。拉簧两端分别钩挂连接在坠砣环和顺放于地面上的配重螺纹钢上。

（5）将电动吊篮钢丝绳端头从安全器孔自上而下穿过，经支架孔引导进入壳体上同侧的安全绳定位套孔穿过与坠砣连接。

## 二、安全绳使用要求

（1）高处作业吊篮使用的安全绳应符合现行国家标准《坠落防护 安全绳》（GB 24543）和《坠落防护 安全带》（GB 6095）的要求，其直径应与安全锁扣的规格相一致。

（2）安全绳不得有松散、断股、打结现象；安全锁扣的部件应完好、齐全，规格和方向标识应清晰可辨。

（3）吊篮正常工作时，人员应从地面进入吊篮，不得从建筑物顶部、窗口等处或其他孔洞处出入吊篮。在吊篮内的作业人员应佩戴安全帽，系安全带，并应将安全锁扣正确挂置在独立设置的安全绳上。

（4）吊篮内作业人员不得超过 2 人，每人须设置 1 条安全绳，不得 2 人共用 1 条安全绳。

# 第十一章　吊篮的运行管理

## 第一节　掌握吊篮的操作

### 一、高处作业吊篮操作人员的基本要求

高处作业吊篮操作人员（以下简称吊篮操作工）是指在建筑施工现场进入高处作业吊篮从事高处操作的各类施工作业的人员，不包括高处作业吊篮安装拆卸工。

住房城乡建设部颁发的《关于印发〈建筑施工特种作业人员管理规定〉的通知》（建质〔2008〕75 号）文件规定，建筑架子工和高处作业吊篮安装拆卸工属于建筑特种作业人员。

根据人力资源社会保障部、国家质量监督检验检疫总局、国家统计局联合颁布的《中华人民共和国职业分类大典》（人社部发〔2015〕76 号）文件规定，“高处作业吊篮操作工”属于编号为 6-23-05-01 的“架子工”职业，是四个工种（普通架子工、附着升降脚手架安装拆卸工、高处作业吊篮安装拆卸工、高处作业吊篮操作工）之一。

比照建筑架子工，高处作业吊篮操作工也应属于建筑特种作业工种。依照建筑施工特种作业人员必须经建设主管部门考核合格，取得建筑施工特种作业人员操作资格证书，方可上岗从事相应作业的规定，高处作业吊篮操作工也应接受专业安全技术培训，经考核合格，取得操作资格证书，方可上岗从事高处作业吊篮的操作。

（一）高处作业吊篮操作工的上岗条件

（1）年满18周岁，男60周岁以下、女45周岁以下。

（2）具有初中及以上学历或同等文化程度。

（3）身体健康，无癫痫、精神病、心脏病、高血压、突发性昏厥、色盲和恐高症等妨碍作业的疾病及生理缺陷。

（4）经专业安全技术培训、并考核合格，具有独立操作能力，持证上岗。

（5）酒后、过度疲劳、身体不适、服用不适应高处作业药物和情绪异常者不得上岗操作。

（二）高处作业吊篮内作业工岗前安全教育

1. 岗前安全教育培训的主要对象及方式

（1）所有准备进入悬吊平台进行施工作业的人员。

（2）当班的设备维护修理人员。

（3）以召开班前会议的形式进行安全教育培训。

（4）由高处作业吊篮使用单位的技术负责人或专职安全员进行培训。

（5）新安装的高处作业吊篮在首次操作前应请设备产权单位的技术人员或设备管理人员进行培训。

2. 岗前安全教育培训的主要内容

（1）安全防护用品的配备及使用要求。

参考本教材第四章第二节“使用前对安全防护用品的检查”的内容进行培训。

（2）施工作业前的危险源辨识。

参考本教材第五章“高处作业吊篮使用过程的危险源辨识”的内容进行培训。

（3）施工作业前的设备检查要点。

① 确认悬挂装置的安装位置未被移动，配置齐全，固定良好。

② 悬吊平台无异常变形，连接处正常。

③ 提升机启动、制动、手动滑降正常。

④ 摆臂式安全锁锁绳角度符合产品使用说明书规定，离心式安全锁灵敏有效。

⑤ 钢丝绳无超过报废标准规定的缺陷，表面无缠绕或黏结物，绳端固定正常，绳坠铁（重锤）悬挂符合规定。

⑥ 电气按钮、开关及行程限位装置灵敏有效。

⑦ 安全绳悬挂、绳端固定、转角保护及绳表面正常。

(4) 高处作业吊篮使用的安全操作要求。

参照本章“高处作业吊篮使用安全操作规程”的内容进行培训。

(5) 进行特殊作业时的安全操作须知。

① 电焊作业

进入悬吊平台的所有人员均应穿绝缘鞋、戴绝缘手套；

不得将悬吊平台或钢丝绳当作接地线使用；

电焊机不得放置在悬吊平台内；

在悬吊平台内不得放置易燃、易爆物品和杂物；

在电焊作业周边和下方应采取防止火花引燃可燃物的有效遮挡措施；

在电弧火花飞溅区域，应采取防止钢丝绳被灼伤的有效遮挡措施。

② 幕墙安装作业

不得将高处作业吊篮作为垂直运送幕墙材料的起重设备使用，应另行设置垂直运送幕墙材料的专用起重设备；

在安装幕墙饰面前，应安排或明确指挥人员；

在安装幕墙饰面时，悬吊平台与建（构）筑结构内的安装人员均应听从统一指挥；

在发现危险时任何人都有权发出紧急信号，其他作业人员应当及时防范；

手持工具应采用短绳系牢或放在工具袋中，避免坠落伤人。

③ 外墙涂装作业

在作业前操作人员应按劳动保护安全规定佩戴劳动防护用品；

在悬吊平台内不得放置易燃、易爆物品和杂物；

作业区域严禁吸烟；

在作业中不得采用垫脚物或直接蹬踏平台护栏以增高作业高度；

不得采用“荡秋千”或歪拉斜拽的方式涂刷作业盲区；

在作业时应避免涂料沾染钢丝绳或进入提升机和安全锁的进绳口，必要时应进行有效遮挡；

作业后应及时清除高处作业吊篮各部积存或沾染的涂料。

④ 重污染条件下作业

在进行喷涂作业或使用腐蚀性液体进行清洗作业等重污染条件下作业时，对提升机、安全锁、电气控制箱和悬吊平台等部位，应采取防污染的保护措施。

⑤ 大型构件安装作业

作业前须制定专项安装作业方案，且通过专家论证/评估；

在安装作业区域下方及地面设置警戒区；

作业现场应指定专人进行统一指挥；

应采用适当的起重机械进行吊装；

高处作业吊篮仅作为安装人员接近作业位置的平台，不得受到任何其他的干扰力；

发现危险时，任何人都有权发出紧急信号，其他作业人员应当及时防范。

⑥ 紧急情况时的应急处置措施

参照本教材第12章“紧急情况的处置方法”的内容进行培训。

## 二、高处作业吊篮安全操作规程

### （一）安全操作注意事项

（1）作业时应精神集中，不准做有碍操作安全的事情。

（2）尽量使荷载均匀分布在悬吊平台上，避免过度偏载。

（3）当电源电压偏差超过±5%，但未超过10%或工作地点超过海拔1000m时，应适地降低荷载使用，载重量应控制在额定载重量的80%以下使用。

（4）在运行过程中，悬吊平台发生明显倾斜时，应及时进行调平。

（5）在悬吊平台运行时，应注意观察运行范围内有无障碍物。

（6）电动机启动频率不大于6次/min，连续不间断工作时间不大于30min。

（7）经常检查电动机和提升机表面的温度，当其表面温度超过环境温度65℃时，应暂停使用提升机。

（8）在作业中，突遇大风或雷电雨雪时，应立即将悬吊平台降至地面，切断电源，绑牢平台，有效遮盖提升机、安全锁和电控箱后，方准离开设备。

（9）运行中发现设备异常（如异响、异味、过热等），应立即停车检查。故障不排除不准开车。

（10）发生故障，应请专业维修人员进行排除。安全锁应由制造厂商维修。

（11）在运行过程不得进行任何保养、调整和检修工作。

（12）停机后在现场进行保养、调整和检修时，需拉闸断电，且应在上一级电源配电处设置“禁止合闸”的警示标志，或派专人值守。

（13）电控箱内应保持清洁、无杂物，不得将工具或材料放入电控箱内。

（14）操作人员有权拒绝违章指挥和强令冒险作业。

（二）安全操作禁止事项

（1）在双吊点和多吊点悬吊平台上，禁止一人单独操作。

（2）操作人员应从地面或固定平台上进出悬吊平台。在未采取安全保护措施的情况下，禁止从窗口、楼顶等其他位置进出悬吊平台。

（3）禁止超载作业。

（4）禁止把高处作业吊篮作为垂直运输设备使用。

（5）禁止在悬吊平台内用梯子或其他垫脚物取得较高的工作位置。

（6）在悬吊平台内进行电焊作业时，严禁将悬吊平台或钢丝绳当作接地线使用，并应采取防电弧飞溅灼伤钢丝绳的有效措施。

（7）禁止在悬吊平台内猛烈晃动或做“荡来荡去”等危险动作。

（8）禁止歪拉斜拽悬吊平台。

（9）禁止固定安全锁开启手柄，或捆绑摆臂等人为使安全锁失效的行为。

（10）禁止在安全锁锁闭时，开动提升机下降。

（11）禁止在安全钢丝绳绷紧的情况下，硬性扳动安全锁的开锁手柄。

（12）悬吊平台向上运行时，禁止使用上行程限位开关停机。

（13）禁止在大雾、雷雨或冰雪等恶劣气候条件下进行作业。

（14）禁止在照明不足的场所进行作业。

（15）在提升机发生卡绳故障时，应立即停机。禁止反复按动升降按钮，强行排险。

（三）作业后的安全操作规程

（1）每班作业结束后应将悬吊平台降至地面，放松工作钢丝绳，使安全锁摆臂处于松弛状态。

（2）切断电源，锁好电控箱。

（3）及时检查各部位安全技术状况。

（4）彻底清扫悬吊平台各部。

（5）妥善遮盖提升机、安全锁和电控箱。

（6）将悬吊平台停放平稳，必要时进行捆绑固定。

（7）认真填写交接班记录及设备履历书。

## 第二节　掌握吊篮的自检

### 一、安装后的检查和验收

（一）安装后的检查和验收组织

（1）高处作业吊篮属于在施工现场使用的自升式设备设施，应按照《建设工程安全生产管理条例》（中华人民共和国国务院令 393 号）的规定："施工单位在使用高处作业吊篮前，应当组织有关单位进行验收，也可以委托具有相应资质的检验检测机构进行检验验收"。

（2）使用承租的高处作业吊篮设备，由高处作业吊篮使用单位会同产权单位、安拆单位、工程监理单位共同进行验收；实行施工总承包的，由总承包单位组织验收；验收合格方可使用。

（3）高处作业吊篮安装后、验收前，应由安装单位技术负责人组织本单位的安全质量检验员和安装项目负责人对安装后的高处作业吊篮逐台进行自行检查。对检验不合格的项目，由安装项目负责人立即组织整改。所有项目经自检及整改合格后，由所有参与自检的人员签字确认，存档备查。

（二）安装后的检查和验收程序

（1）由高处作业吊篮安装单位先行组织自检。

（2）安装单位自检合格后，将自检记录存档备查。

（3）由安装单位报请高处作业吊篮使用单位组织验收。

（4）由使用单位组织高处作业吊篮产权单位、安装单位和工程监理单位共同进行验收。

(5) 对验收合格的高处作业吊篮，经参与验收各方签字后方可投入使用。

(6) 验收记录由高处作业吊篮安装单位、使用单位分别存档备查。

(7) 高处作业吊篮安装验收合格后，应当在高处作业吊篮显著位置上挂设验收合格牌，表明验收单位、验收人、联系电话，并明确限载重量和限载人数等。凡未经验收或验收不合格的高处作业吊篮，严禁投入使用。

(三) 安装后的检查和验收项目

1. 悬挂装置的检查和验收项目

(1) 悬挂装置施加于建筑物或构筑物的作用力，符合建(构)筑结构的承载要求。

(2) 悬挂装置设有标明提升机极限工作荷载和标明不同横梁外伸长度和支撑间距所对应配重质量图表的标牌。

(3) 横梁高度和外伸长度不大于产品使用说明书规定。如超出产品使用说明书规定的，属于特制悬挂装置。

(4) 特制悬挂装置或采用特殊安装方式的悬挂装置，具有安装单位提供的通过专家论证/评估的专项施工方案。

(5) 横梁安装水平高度差不大于横梁长度的4%，且前高后低。

(6) 悬挂装置安装后两吊点的水平距离应大于悬吊平台两吊点之间距离，且距离偏差不大于50mm。

(7) 前、后支座与支承面的接触稳定牢固，如支座有脚轮，脚轮须采取相应措施。

(8) 前支座的上立柱应与下支架安装在同一条铅垂线上。

(9) 将横梁安装在女儿墙或其他支撑物上时，采取了防止横梁滑移或侧翻的约束装置或约束措施。

(10) 配重数量和质量不少于产品使用说明书规定，无明显缺角少棱，且码放整齐、固定牢靠、锁止有效。

(11) 悬挂装置抗倾覆稳定性应符合现行《高处作业吊篮》(GB/T 19155) 规定："在正常工作状态下，悬挂装置的抗倾覆力矩与倾覆力矩的比值不得小于 3"。

(12) 加强钢丝绳的张紧程度符合产品使用说明书或有关规定。

(13) 当整机稳定性由建（构）筑结构支撑或锚固件来保证时，应确认系统的所有方面都已根据规格、图纸和相关技术要求正确安装。

(14) 如预埋件（U 形或 J 形螺栓等）已由高处作业吊篮产权单位自行提供给土建施工单位预埋到结构中的，土建施工单位应出具一份正确安装这些预埋件的确认单。

(15) 对可见并承受剪力和拉力的化学锚栓或机械膨胀锚栓，应抽样 20%进行相应的扭矩和拉拔试验。

(16) 对隐蔽并承受剪力和拉力的化学锚栓或机械膨胀锚栓，应进行 100%的相应扭矩和拉拔试验。

2. 悬吊平台的检查和验收项目

(1) 悬吊平台拼接长度不超过产品使用说明书规定。

(2) 超长拼接的悬吊平台须通过专家论证/评估。

(3) 悬吊平台零部件应齐全、完整，不得少装、漏装或混装。

(4) 悬吊平台内部宽度不小于 500mm。

(5) 悬吊平台底部四周踢脚板的高度不得小于 150mm；底板上无直径大于 15mm 孔洞。

(6) 四周栏杆高度应不小于 1000mm。

(7) 在平台工作面一侧，设有靠墙轮或缓冲带等立面保护装置。

(8) 在平台明显部位有永久醒目的注明额定载重量和允许乘载人数及其他注意事项。

3. 提升机与安全锁的检查和验收项目

（1）提升机和安全锁均应采用专用螺栓或销轴与悬吊平台可靠连接。

（2）提升机进绳口孔口磨损后的尺寸不得超过2倍钢丝绳直径。

（3）提升机外壳应平整无明显机械损伤，不得存在裂纹。

（4）提升机铭牌内容完整、清晰。

（5）提升机不存在漏油或明显渗油现象。

（6）安全锁在有效标定期内。

（7）安全锁外壳平整、无明显机械损伤，运动部件无阻卡现象。

（8）安全锁铭牌内容完整、清晰。

4. 电控系统的检查和验收项目

（1）电控箱牢固稳妥地安装在悬吊平台非工作一侧的护栏上。

（2）电缆线绝缘外皮无严重明显破损或挤压变形。

（3）电源电缆不得存在中间接头。

（4）电源电缆上端保护钩固定牢靠。

（5）长度超过100m的电源电缆采取了抗拉保护措施。

（6）连接各部件的电缆线排列规整且固定有序。

（7）电控箱外壳平整，无明显变形；按钮、旋钮、指示灯、插座和门锁完好无损。

（8）电控箱内元器件完好无损，布线规则整齐，不存在飞线现象。

（9）各控制按钮和开关动作准确、可靠，标识清晰、正确。

（10）电气系统采用三相五线制供电方式。

（11）电气系统应具备过热、短路、漏电、相序和急停等安全保护功能；漏电保护装置的灵敏度不小于30mA；急停按钮能切断主电源控制回路。

（12）控制电源与主电源之间有变压器进行有效隔离；控制电路采用了安全电压。

（13）电气设备防护等级不低于 IP54。

（14）与电源线连接的插头采用的是母式结构。

（15）带电零件与机体之间绝缘电阻不小于 2MΩ。

（16）电气系统接地电阻不大于 4Ω，并设有明显接地标志。

（17）电控箱能有效防水，且门锁完好。

5. 钢丝绳的检查和验收项目

（1）工作钢丝绳和安全钢丝绳的规格型号应相同，且符合产品使用说明书的规定。

（2）钢丝绳的质量不超过现行国家标准《起重机 钢丝绳 保养、维护、检验和报废》（GB/T 5972）规定的报废条件。

（3）钢丝绳表面镀锌、无油。

（4）钢丝绳表面无附着物或缠绕纤维等异物。

（5）钢丝绳的绳端固定，须符合现行国家标准《塔式起重机安全规程》（GB 5144）有关钢丝绳绳端固定的规定，且不得使用 U 形钢丝绳夹。

（6）在钢丝绳回弯处，须使用鸡心环进行保护。

6. 安全绳和自锁器的检查和验收项目

（1）安全绳的性能指标，应符合现行国家标准《坠落防护 安全绳》（GB 24543）的规定。

（2）安全绳无松散、打结和中间接头等现象；无割伤、断股、集中断丝或严重拉毛等缺陷。

（3）安全绳应固定在有足够强度的封闭型建（构）筑结构上，绳端固定应牢靠；不存在固定在高处作业吊篮部件上的情况。

（4）在安全绳转角处与锐边接触的部位，有加垫软体材料以防止绳被磨断的保护措施。

（5）根据限定作业人员的数量，按标准规定配有足量的安全绳。

（6）自锁器与安全绳直径规格相一致。

（7）自锁器各部件完好、齐全，规格和方向标识清晰可辨。

7. 整机的检查和验收项目

（1）工作钢丝绳与安全钢丝绳分别安装在悬挂装置的独立悬挂点上。

（2）安全钢丝绳的下端安装有重锤，且重锤底部离地高度在100～200mm范围内。工作钢丝绳是否安装绳坠铁，按产品使用说明书的规定检查。

（3）钢丝绳的长度应满足悬吊平台能够安全落地。

（4）安装在钢丝绳上端的行程限位和极限限位挡块固定可靠，分别能够与上限位开关和上极限限位开关有效触碰。挡块与钢丝绳固定点之间保持不小于0.5m的安全距离。

（5）相邻悬吊平台端部留有不小于0.5m的安全距离。

（6）所有连接螺栓按规定加装垫圈，其头部露出螺母2～4个螺纹。

（7）所有销轴端部安装有防脱落装置；开口销开口角度大于60°，且符合有关规定。

（8）所有紧固件不存在错装、漏装或混装现象，且均已紧固到位。

（9）所有结构件无明显局部变形或整体明显塑性变形；管件磨损或锈蚀不得大于设计壁厚的10%。

（10）所有焊接件的焊缝不存在肉眼可见裂纹。

（11）高处作业吊篮任何部位与输电线的安全距离不小于10m或具有供电部门书面意见，且采取相应的安全防护措施。

（12）每台高处作业吊篮配备有一机、一闸、一漏电保护的专用开关箱，且符合现行行业标准《施工现场临时用电安全技术规范》（JGJ 46）的规定。

（13）在悬吊平台运行范围内无障碍物；与塔式起重机、施工升降机和物料提升机等其他施工设备之间保持有足够的安全距离。

## 二、试运行的检查

### （一）空载试运行

在悬吊平台距地面 5m 的高度范围内，做三次升降运行：

（1）检查电源相序应正确，按钮操作应正常。

（2）提升机无异常声响，电动机电磁制动器动作灵活可靠启动、制动平稳正常。

（3）悬吊平台运行平稳，无冲击现象。

（4）按下“急停”按钮，悬吊平台应能停止运行；“急停”按钮需手动复位后，方可运行恢复正常操作。

（5）扳动上行程限位开关的摆臂后，悬吊平台应能停止向上运行；松开摆臂后，即可恢复正常运行。

（6）扳动上极限行程限位开关的摆臂后，应能切断总电源，使悬吊平台停止一切运行，摆臂需手动复位和重新送电后，方可恢复正常运行。

（7）手动滑降检查，将悬吊平台上升 3～5m 后停住，取出提升机手柄内的拨杆，并将其插入电机风罩内的拨叉孔内，在悬吊平台两端，同时向上抬起拨杆，悬吊平台应能平稳滑降，滑降速度应不小于提升机额定速度的 20%。

（8）观察提升机累计计时装置工作正常。

### （二）额定载重量试运行

在悬吊平台内均匀装载额定载重量（包括机上人员质量），悬吊平台上下运行 3～5 次，每次行程 3～5m，检查：

（1）提升机启动、制动平稳，无异常声响。

（2）悬吊平台运行平稳，无冲击现象。

（3）在运行过程中无异常声响、停止时无滑降现象。

（4）将悬吊平台升至离地 1m 左右，停止运行，检查提升机制动器应灵敏有效，无滑移现象。

（5）在悬吊平台升降过程中，试验急停按钮应正常有效。

（6）在悬吊平台倾斜状态下，试验调平操作动作有效。

（7）试验安全锁锁绳性能符合规定。

（8）将悬吊平台升至离地 2m 左右停止运行，试验手动滑降应正常有效。

（9）将悬吊平台升至最大高度，使上行程限位开关触及限位挡块，上行程限位装置灵敏有效。

（10）将悬吊平台升至最大高度，使上行程极限限位开关触及限位挡块，上行程极限限位装置灵敏有效。

（11）试验完毕后，检查悬吊平台和悬挂装置的连接正常，各连接处应牢固、无变形、无松动现象。

## 三、使用前的检查

### （一）对设备的安全技术检查

使用前应对全部高处作业吊篮进行编号并粘贴在悬吊平台上，做到清晰醒目。使用单位应组织操作工对设备逐台进行安全检查。使用前的设备安全检查方法及要求如下：

1. 检查安全锁锁绳状况

（1）摆臂防倾斜式安全锁的检查方法将悬吊平台上升到 1～2m 处停机，把万能转换开关扳至一侧，按下行按钮使悬吊平台倾斜，当悬吊平台倾斜至 4～8°时，安全锁即应锁住安全钢丝绳。

将悬吊平台低端上升至水平状态，使安全锁复位，安全钢丝绳在安全锁内处于自由状态。

按上述方法检查另一侧安全锁。

（2）离心限速式安全锁的检查方法

托起重锤使安全钢丝绳处于自由悬垂状态，用手在安全锁上方快速抽动安全钢丝绳，安全锁应立即锁住安全钢丝绳，且不能自动复位。

扳动开锁手柄，使安全锁处于正常工作状态待用。

2. 检查悬吊平台上的零部件

（1）提升机与悬吊平台的连接处应无异常磨损、腐蚀、表面裂缝、连接松脱、脱焊等现象。

（2）安全锁与悬吊平台的连接处应无异常磨损、腐蚀、表面裂缝、连接松脱、脱焊等现象。

（3）电控箱、电缆线、控制按钮、插头应完好无损；上限位及极限限位开关、手握式开关等应灵活可靠；无漏电现象。

3. 检查悬挂装置

（1）各连接处应牢固，无破裂脱焊现象。

（2）配重放置正常，无短缺，锁止完备。

（3）安全钢丝绳与工作钢丝绳分别独立悬挂，且绳端固定正常。

（4）钢丝绳表面无过度磨损、无黏结或缠绕物等异常现象（检查发现达到报废标准的钢丝绳必须及时更换）。

（5）钢丝绳下端悬吊的重锤安装正常。

4. 通电检查

（1）检查悬吊平台的运行状况，提升机应无异常声音和振动现象。

（2）电磁制动器的制动灵敏、可靠、无异常。

5. 检查限位挡块

（1）将悬吊平台上升到最高作业高度。

（2）调整上限位开关摆臂的角度，使限位开关摆臂上的滚轮处于上限位挡块的控制范围内。

6. 空载试验

（1）操作悬吊平台空载上下运行3～5次，每次行程3～5m。

（2）全过程应升降平稳，提升机无异常声响，电机电磁制动器动作灵活、可靠。

（3）各连接处无松动现象。

（4）在运行中，按下“急停”按钮，悬吊平台应能立即停止运行。

（5）在向上运行中，扳动限位开关的摆臂，悬吊平台应能停

7. 手动滑降检查

（1）操作悬吊平台上升3～5m处停住。

（2）取出提升机的手柄式拨杆，并将其旋（插）入电机风罩内的拨叉孔内。

（3）由两人在平台两端同时向上抬起拨杆，悬吊平台应能平稳滑降，滑降速度应符合标准规定。

8. 额定载重量试验

（1）在悬吊平台内均匀装载额定载重量。

（2）操作悬吊平台上下运行3～5次，每次行程3～5m。

（3）在运行过程中应无异常声响；停止时无滑降现象。

（4）平台发生倾斜时，自动调平装置应能及时动作，使平台保持基本水平的状态。

（5）各紧固连接处应牢固，无松动现象。

（二）对安全防护措施的检查

（1）检查进入施工现场的高处作业吊篮作业人员，应正确佩戴安全帽。

（2）检查进入悬吊平台的作业人员，应穿防滑鞋和紧身工作服，不得穿硬底鞋或拖鞋和宽松服装等。

（3）检查安全绳应设置在建（构）筑物主体结构上，与建（构）筑物接触部位需采取保护措施。

（4）安全绳和安全带应保持完好、无破损。

（5）检查进入悬吊平台，准备进行高处作业的操作工，应系牢安全带，且将安全带通过自锁器牢靠地连接在安全绳上，不得将安全带直接系在悬吊平台上。

（6）检查安全绳的数量应满足，每根安全绳只能供一人使用；当悬吊平台上的人数超过两人时，每人应配备一根安全绳进行防护。

（7）使用手持工具作业的，应将手持工具系上线绳与操作工的手臂相连。

（8）在作业中存在小工具或零件坠落风险的，操作工应配备工具包。

（三）对作业条件的安全确认

（1）使用前对每台高处作业吊篮上的作业人员进行登记，并保持人员的稳定。

（2）查阅交接班记录，了解上一班的作业情况和设备状况；确认有无交办事项及设备遗留问题。

（3）确认环境温度在－10～55℃的范围内。

（4）确认施工现场电源的工作电压符合 380V±5％的条件。

（5）确认作业场所的相对湿度不大于 90％（温度 25℃）。

（6）确认工作地点不超过海拔 1000m。

（7）确认施工现场具有充足的照明条件，光照度应大于 150lx。

（8）确认作业时的风速不大于 8.3m/min（相当于五级风力）。

（9）在雨雪、雷暴、沙尘等恶劣气候条件时，应停止作业。

（10）确认与高压电间的安全距离不小于 10m 或采取了有效安全防护措施。

（11）确认与其他大型施工设备保持了不发生相互干涉的

安全距离。

（12）确认在悬吊平台运行的通道内无任何障碍物。

（13）确认在有坠物伤人可能性场所施工的悬吊平台顶部设置了牢固的安全防护棚。

（14）确认在悬吊平台下方地面设置了有效警戒措施。

（15）确认在强粉尘、腐蚀、辐射等恶劣环境中，采取了有效的安全防护措施。

## 第三节　熟悉吊篮的维护保养

维护与保养工作的质量与水平，对保证吊篮经常处于良好技术状况、安全、高效地进行作业，具有决定性的作用。只有通过全面、周到、科学、严格的维护与修理才能尽早发现和排除故障隐患，减少事故发生的频率，恢复设备精度与功能，延长设备的使用寿命。因此正确的维护与保养对设备使用的安全性和经济性都具有十分重要的意义。

### 一、高处作业吊篮维护保养的目的和基本方法

#### （一）维修保养的目的和作用

（1）保证吊篮经常处于良好技术状态。

（2）减少故障，最大限度降低设备故障停机时间。

（3）降低零部件磨损，延长设备使用寿命。

（4）减少摩擦，提高机械效率。

（5）消除隐患，确保设备安全正常运行。

#### （二）维修保养的基本方法

保养工作的基础在日常保养。

日常保养基本方法可用“十字作业法”来概括，即：润滑、紧固、调整、清洁、防腐。

## 二、吊篮主要零部件的维护保养

（一）提升机和安全锁的维修保养

（1）及时清除表面污物，避免进、出绳口混入杂物，损伤机内零件。

（2）按产品说明书规定的类型、牌号的润滑剂对规定的部位进行有效润滑。

（3）作业前进行空载试运行，检查有无异常情况。

（4）在运行中发现异响、异味或异常高温，立即停机检修。

（5）作业后进行妥善遮盖，避免雨水、杂物等侵入机体。

（6）在拆装、运输和使用中避免发生碰撞损伤机壳。

（7）每班使用后，应将悬吊平台降至地面，放松工作钢丝绳，使安全锁摆臂处于松弛状态。

（二）悬挂装置和悬吊平台等结构件的维护保养

（1）作业前检查并且紧固销轴和螺栓等紧固件；检查构件变形、裂纹及局部损伤是否超标。

（2）作业后及时清理表面污物，在清理时要注意保护表面漆层。

（3）发现漆层被破坏，应及时补漆，避免锈蚀。

（4）在拆装和运输中，应轻拿轻放，切忌野蛮操作。

（5）露天存放要做好防雨措施，避免雨水进入提升机、安全锁和电控箱。

（三）钢丝绳的日常维保

（1）及时清除表面黏附的涂料、水泥、黏结剂或堵缝剂等污物。

（2）作业前检查钢丝绳表面断丝、磨损或局部缺陷是否达到报废标准。

(3) 检查绳端固定情况。发现绳端固定接头附近出现疲劳破坏或硬伤时，应及时截断，并重新按规定进行绳端固定。

(4) 发现断丝应及时将其插入绳芯部，并且作好记录。当断丝达标时，应立即更换钢丝绳。

(四) 电气系统的日常维保

(1) 电控箱内要保持清洁无杂物。

(2) 作业前检查接头、插头有无松动现象。

(3) 作业中避免电控箱、限位开关和电缆线受外力冲击。

(4) 遇电气故障应及时排除。

(5) 作业完毕，及时拉闸断电，锁好电控箱门，并且妥善遮盖电控箱。

## 三、高处作业吊篮的维护保养制度

(一) 一级保养（日常保养）

一级保养通常也称为日常保养。

日常保养由高处作业吊篮操作工执行。

日常保养的重点工作是清洁和检查，内容如下：

1. 日常清洁的内容

每班在作业前，应及时清除钢丝绳上附着或缠绕的污物；及时清除悬吊平台、提升机、安全锁、电控箱表面的涂料和污物。

2. 日常检查的内容

日常检查内容见表 11-3-1。

**表 11-3-1　高处作业吊篮日常检查表**

| 序号 | 检查部位 | 检查项目 |
|---|---|---|
| 1 | 悬挂装置 | 定位可靠，安装位置未移动 |
| | | 配重无缺失、破损，固定正确 |
| | | 销轴、紧固件齐全，连接可靠 |

续表

| 序号 | 检查部位 | 检查项目 |
|---|---|---|
| 2 | 钢丝绳 | 与悬挂装置连接牢固，绳端固定无松动 |
| | | 无松股、毛刺、断丝、压痕、锈蚀 |
| | | 无附着砂浆、涂料等杂物 |
| | | 限位止挡及下端重锤齐全完好，无松动 |
| 3 | 悬吊平台 | 焊缝无开裂、销轴、螺栓紧固，结构件无变形 |
| | | 底板、挡板和护栏牢固，无破损 |
| 4 | 提升机 | 油量充足、润滑良好，无渗漏现象 |
| | | 与悬吊平台连接牢固 |
| | | 手动滑降有效 |
| 5 | 安全锁 | 穿绳性能良好 |
| | | 手动锁绳有效 |
| 6 | 电气系统 | 接零可靠，漏电保护有效，作业人员穿绝缘防滑鞋 |
| | | 通信正常 |
| | | 电线、电缆无破损，有保护措施 |
| 7 | 安全带<br>安全绳 | 无磨损、腐蚀、断裂 |
| | | 金属配件完好 |
| | | 连接符合要求 |
| 8 | 空载运行试验 | 操作按钮动作灵敏、正常 |
| | | 上行程限位和上极限限位有效 |
| | | 提升机启动、制动正常，运行平稳 |
| | | 安全锁手动锁绳正常 |
| | | 整机无异响及其他异常情况 |

3. 日常检查的规定

（1）每班作业前，由操作人员按表 11-3-1 规定的内容逐项进行检查。

（2）检查中发现异常情况应及时解决；对需要专业人员修

理的故障，应及时上报主管领导，不得带着隐患冒险作业。

（3）检查后，由操作人员逐台如实填写“高处作业吊篮日常检查表”。

（4）填表后，由操作人员签字，并交主管领导审批签字后方可上机操作。

（二）二级保养（定期检修）

二级保养也称定期检修，应由专业维修人员进行。

1. 定期检修的内容

除日常检查内容外，定期检修的重点应按表 11-3-2 规定的内容进行检查。

**表 11-3-2　高处作业吊篮定期检修检查表**

| 序号 | 部位 | 检查项目 |
|---|---|---|
| 1 | 电气控制系统 | 电缆线无损伤 |
| | | 电缆线固定良好 |
| | | 各电器元件无破损、无失灵 |
| | | 继电器、接触器触电无烧蚀 |
| | | 限位装置灵活、可靠完好 |
| | | 操作按钮灵活、可靠完好 |
| | | 绝缘、接地、接零电阻符合规定 |
| 2 | 悬挂装置 | 构件无变形、腐蚀 |
| | | 焊缝无开裂 |
| | | 销轴、紧固件无松动 |
| 3 | 钢丝绳 | 无断丝、断股、磨损 |
| | | 绳端固定正确可靠 |
| 4 | 安全绳<br>安全带 | 固定端及与墙角接触处应无磨损 |
| | | 无断丝、断股、磨损 |
| 5 | 安全锁 | 转动部位润滑良好，适量注油 |

续表

| 序号 | 部位 | 检查项目 |
|---|---|---|
| 5 | 安全锁 | 弹簧复位力正常 |
| | | 手柄动作灵活、正常 |
| | | 滚轮转动灵活、无磨损 |
| 6 | 提升机 | 无渗油、漏油 |
| | | 进、出绳口磨损正常 |
| | | 无异常噪声 |
| | | 手动滑降性能良好 |
| | | 制动良好、摩擦盘磨损正常 |
| 7 | 悬吊平台 | 构件无变形、腐蚀 |
| | | 焊缝无开裂、裂纹 |
| | | 销轴、紧固件无松动 |

2. 定期检修的规定

(1) 定期检修期限。

①连续施工作业的高处作业吊篮，视作业频繁程度每1～2个月应进行定期检修。

②间歇施工作业的高处作业吊篮，累计运行300h应进行定期检修。

③停用1个月以上的高处作业吊篮，在使用前应进行定期检修。

④完成一工程项目，高处作业吊篮拆卸后，应进行定期检修。

(2) 专业维修人员对检查中发现的问题，应逐条记录并制定维修方案，经主管领导批准后由专业维修人员进行维修保养。

(3) 检修后，由专业维修人员逐台如实填写“高处作业吊篮定期检修检查表”。

（4）填表后，由专业检修人员签字，并交主管领导审批签字后，分类入库保管。

（三）三级保养（定期大修）

三级保养也称定期大修。

定期大修期限为使用期满一年的，或累计工作 300 台班的，或累计工作满 2000h 的高处作业吊篮。

定期大修应由专业厂家进行。

定期大修项目内容，除按定期检修项目进行检修外，重点项目如下：

1. 提升机和安全锁

（1）解体清洗，更换易损件。

（2）检测齿轮、蜗轮副、绳轮、箱体等关键主要件的轴/孔尺寸、磨损、变形和裂纹情况。

（3）修复可修复的零件，更换不可修复的零件。

（4）按产品使用说明书规定，加注或更换润滑剂。

（5）重新组装后，按产品出厂要求进行全面的性能检验和标定。

（6）检验合格后，由修理方开具设备大修合格证。

2. 悬挂装置和悬吊平台等结构件

（1）磨损、腐蚀超过标准规定的应更换。

（2）校正成补焊可恢复的构件。

（3）无法修复的构件应更换。

（4）检验并修复后，应重新涂漆。

3. 电气控制系统

（1）修复、更换电气控制系统失效的电器元件。

（2）检查各电缆线绝缘层应无破损或老化，否则应更换。

（3）检查各电线接头的连接情况，必要时进行重新整理或接线。

4. 钢丝绳和安全绳

（1）逐段检查，对断丝、磨损、变形、松股等超标的应予以更换。

（2）检查绳头固定端，对变形严重的应去除受损段后重新固定。

# 第十二章　吊篮的应急管理

## 第一节　了解吊篮的安拆事故原因及典型事故案例

由于施工现场，安装和拆除高处作业吊篮具有很大的难度及风险。零部件杂乱，安装环节众多，立体交叉作业，作业环境差。对高处作业吊篮安装企业的现场管理和安拆人员的专业素质要求很高。高处作业吊篮安装质量是保障施工安全的重要环节，每一个细微的疏漏，都可能成为一个危险源，都有可能给安拆工本人或高处作业吊篮使用者带来致命的伤害。

高处作业吊篮安装与拆除过程的事故原因，主要来自于现场环境、施工组织、人员素质、安装方式及现场管理五个方面的危险源，高处作业吊篮安装拆卸人员要能熟练地辨识出以上五个方面的危险源，避免在吊篮安装拆除过程发生危险。

### 一、现场环境的危险源辨识及典型事故案例

（一）架设悬挂装置的建（构）筑结构承载能力的辨识

安装作业前，首先需要确认用于架设标配吊篮悬挂装置的屋面结构的承载能力是否满足产品使用说明书的要求；确认所安装的特制吊篮的悬挂装置的基础与屋面结构承载能力、预埋件、锚固件等是否符合高处作业吊篮安拆专项施工方案的要求。如果用于安装高处作业吊篮的基础结构不能满足要求，强行或者勉强进行安装，则是高处作业吊篮安装施工的最大危险

源之一。

（二）作业场地周边环境条件的辨识

在安装与拆卸作业之前需确认：

1. 在安装与拆卸作业范围是否设置了警戒线或明显的警示标志，否则存在伤及无关人员的危险性。

2. 确认是否存在垂直交叉作业的情况，否则存在坠物伤人的危险性。

（三）作业时自然条件的辨识

1. 需确认安装与拆卸作业时的天气情况。在恶劣的气候条件下作业，例如遇雷雨、大风、冰雪天气进行高处作业吊篮安装与拆卸作业，存在发生事故的危险性。为此，现行《高处作业吊篮安装、拆卸、使用技术规程》（JB/T 11699）明确规定，“当遇到雨天、雪天、雾天或工作处风速大于 8.3m/s 等恶劣天气时，应停止安装作业”。

由于高处作业吊篮由钢丝绳悬吊属于柔性约束，因此抵抗恶劣气候的能力较差。

因恶劣气候条件引发的事故时有发生。例如：2009 年 11 月 2 日，在华东地区某高架工程施工现场，一台悬挂在 40 多米高的高处作业吊篮上，站着四名工人正在对高架防撞墙的钢板进行拆除作业。由于现场风力过大，平台发生剧烈晃动，其中两名工人不幸从高空坠落，径直摔落在地面当场死亡。另外两名工人紧紧抓住平台护栏，被公安消防部门救下。

2. 需确认安装与拆卸作业时的光线与照明情况。在光线昏暗处或夜间进行高处作业吊篮安装与拆卸作业，难以发现和避免潜在危险的发生。为此，现行《高处作业吊篮安装、拆卸、使用技术规程》（JB/T 11699）规定“夜间应停止安装作业”。

## 二、施工组织的危险源辨识及典型事故案例

确认有无专项施工方案、是否盲目进行安拆作业、安装特

制高处作业吊篮的专项施工方案是否经过专家论证/评估，都关系着高处作业吊篮安装、拆卸与使用的安全性。

（一）标配吊篮安装需确认专项施工方案

对于标配吊篮安装需确认有无专项施工方案。没有专项施工方案，盲目进行安装与拆卸作业，具有极大的危险性和潜在的使用安全隐患。

例如：2015 年 7 月 21 日上午 7 点左右，南京某施工现场，某公司的两名工人由四层楼进入高处作业吊篮进行外墙作业，在上升至十楼左右的时候，吊篮平台突然发生倾斜，导致其中 1 名工人从吊篮中坠落至地面软土上，造成其严重受伤。经调查，此次事故原因为高处作业吊篮两个悬挂架间的水平间距远大于吊篮平台的长度和前、后支架安装高度（3.3m）大于说明书允许范围 1.365～1.925m。

（二）特制吊篮安装需确认专家论证/评估结论

对于特制吊篮安装需严格查验专项施工方案是否经过专家论证评估，也是降低或消除安装危险性的重要环节。在实践中，通常把专业制造厂按标准图纸批量生产，且经过型式试验的吊篮称作标配吊篮。对于标配吊篮只需严格按照制造厂商产品使用说明书的各项规定进行安装，应该能够保证使用安全。但是，在施工现场存在着大量的由于建（构）筑结构尺寸所限，需要超出产品使用说明书规定进行安装，或由于受建（构）筑构造特殊性的影响而定制特殊结构的特制吊篮。由于这些特制吊篮不仅超出了产品使用说明书规定的范围，而且情况各异，难以对其专项施工方案进行统一规范和简单要求。因此，规定须由具有丰富的高处作业吊篮施工安全理论与实践经验具有高级技术职称的数名专家对专项施工方案进行论证/评估是十分重要的。专家论证/评估的重点应当是设计计算书及施工方案的安全可靠性，以避免因施工方案的错误或缺陷而发生安全事故。

例如：2007年7月19日，在华北地区某工厂宿舍楼进行外墙施工时，安装人员擅自将高处作业吊篮的横梁左、右各一根，间隔6m，直接放在两栋楼之间天井处的女儿墙上。在两端未做任何可靠的固定的情况下，将其用于悬挂吊篮平台。由于女儿墙顶部向内倾斜，在高处作业吊篮使用过程中，因晃动使其中一根横梁的一端滑入女儿墙内壁而使整根横梁坠落，造成平台倾覆，两名作业人员当场坠落死亡。对于如此明显的安装缺陷问题，如果经过专家论证/评估把关，应能得到及时制止与纠正。

## 三、人员素质的危险源辨识及典型事故案例

高处作业吊篮安装与拆卸作业属于典型的坠落高度30m以上的特级高处作业。安装与拆卸过程复杂、环境恶劣、专业性强、危险性大。

如果由未经专业安全技术培训并取得相应证书的人员进行安装与拆卸作业，存在很大的伤害本人、伤害他人或被他人伤害的危险性。

### （一）缺乏自我安全保护意识存在自我伤害的危险性

例如：2021年5月10日武汉局部遭遇10级雷暴大风，当日13时30分，湖北某装饰公司两名工人对三阳路幕墙工程进行保洁作业，14时30分大风骤起，吊篮被吹起摆动，撞击大楼幕墙；14时50分救援人员将吊篮固定，随后，将两名工人救出送医经抢救无效死亡。

经调查，两名死者为无证人员，项目对于灾害天气安全防范落实不力，未有效向现场作业人员传达灾害天气停止露天作业的指令，在极端恶劣天气到来前未及时撤离作业人员。

由此事故案例可见，缺乏安全知识和自我安全保护意识，发生自我伤害的安全事故是迟早会发生的。因此，施工单位必须特别注意查验，安拆和作业人员应经过严格的专业安全技术

培训，并经过考核合格取得“建筑特种作业吊篮安装拆卸资格证书”，方可安排进行安装与拆卸作业。

（二）缺乏安装专业知识存在被伤害的危险性

由于安装人员缺乏专业知识或安装不到位，其结果将造成安全事故，使本人受到高处作业吊篮事故的伤害。

例如：2005 年 10 月 24 日，胶东某建筑工程有限公司项目部在某仓库外墙修缮施工。当施工人员雷某、胡某和雷某某开动高处作业吊篮升至二楼时，悬挂装置前梁吊点处的悬挂钢丝绳的销轴突然脱出，一侧钢丝绳脱落造成悬吊平台坠落，三名施工人员一同坠地，雷某经抢救无效死亡，胡某和雷某某重伤。事后调查发现，雷某等人违反设备管理规定，对使用的高处作业吊篮进行私自拆装移动，安装时未在销轴端部插入开口销进行轴向固定，作业前又未按规定对设备进行安全检查，造成销轴脱落，引发安装人员被自己安装的设备所伤害的安全事故。

（三）安装不规范存在伤害他人的危险性

由于安装人员安装不规范、不到位，遗留下安全隐患，结果造成伤害他人的安全事故。

例如：2013 年 3 月 18 日 18 点 15 分，河北云帆建筑劳务分包有限公司工人刘某军、刘某立在石家庄市桥东区义南路路南义堂新村续建工程 1 号地块 1 号住宅楼 6 层进行瓷砖粘贴作业时，使用的脚蹬式吊篮发生倾覆，两人随同吊篮坠落到地面，其工友立即拨打 120 急救电话。120 赶到后将两名伤者送往二六零医院进行抢救，其中 1 人昏迷，另 1 人双腿骨折。3 月19 日上午 10 时，刘某军经抢救无效死亡。此次事故原因一是悬挑梁方钢未按规定和标准配置符合要求的配重，而用沙袋作为配重且未固定牢固，配重质量和方式不符合要求。作业时振动，配重位移，导致人员坠落是这起事故发生的直接原因；二是安全绳（保险绳）未与建筑物结构单独可靠连接，而与吊篮周边防护栏杆连接。

例如：2011年5月20日，在华南地区某市一大厦外墙装修工程现场，一台高处作业吊篮下降到三楼时，平台左侧突然下坠，所幸坠落高度不高，四名工人不同程度受伤。事故原因是安装时两个吊点悬挂的钢丝绳长短不一致，其中左侧钢丝绳并未垂到地面，安装后也未按规定进行检验验收，即投入使用。结果，造成左侧提升机在下降过程中，因无绳缠绕而发生坠落。

（四）违反拆卸程序存在人员伤害的危险性

专项施工方案所规定安装与拆卸程序，都是经过专业技术人员按照有关规定的编制、审批程序确定下来的技术文件，安装拆卸作业人员应严格执行。但是在实际作业中，总是有人自行其是，不按规定的程序进行施工，往往造成事故。

例如：2000年8月21日在华北地区某高教小区施工现场，一高处作业吊篮在悬吊平台升至离地约20m时，突然一侧悬挂装置的横梁被拔出，致使平台单侧悬挂，倾斜在空中，所幸3名工人死命抓住护栏，由大楼的第7层窗口爬进楼内逃生。事故原因是，安装人员违反拆卸程序，在拆卸时，既未事先切断电源，又未将钢丝绳从提升机和安全锁中退出，便先行将楼顶悬挂装置横梁的连接螺栓松开了；在设备拆卸时既未设置相关标识，又未通知相关人员，致使地面上的三名工人毫不知情地贸然进入悬吊平台进行操作，造成一侧横梁被拔出发生坠落。

## 四、安装方式的危险源辨识及典型事故案例

（一）超高安装悬挂装置横梁存在的危险性

超过产品使用说明书规定的悬挂装置高度进行安装存在如下危险性：

1. 前支座存在受压失稳的可能性

根据受力分析，在悬挂装置横梁前端施加向下的悬吊力，

以及在横梁后端承受配重施加的向下作用的稳定力的共同作用下，作为支点的前支座承受着横梁垂直向下压力。前支座属于典型的受压构件，存在着压杆稳定性的问题。

因为，标配吊篮属于定型产品，是经过型式试验的产品，所以在产品使用说明书规定高度范围内安装悬挂装置是不存在前支座受压失稳问题的。但是，超出产品使用说明书规定的悬挂装置高度进行安装就存在压杆失稳的问题。

2. 悬挂装置存在整体侧翻的可能性

随着悬挂装置高度增加，其重心高度也会相应增高；重心的增高，降低了整体稳定性。尤其在侧向支撑距离较小的横向，悬挂装置侧向倾翻可能性很大。

综上所述，超过产品使用说明书规定的高度安装悬挂装置时，应对其前支座压杆稳定性及侧向稳定性进行专门计算或校核，或通过专业的试验方法来确定其稳定性在安全的范围内，并通过专家论证/评估来进一步把关。

*（二）超长安装悬挂装置横梁存在的危险性*

超过产品使用说明书规定的悬挂装置横梁外伸尺寸进行安装存在如下危险性：

1. 横梁存在因强度不足而被破坏的可能性

根据受力分析，在悬挂装置横梁前端施加悬吊荷载时，横梁外伸端的根部是存在最大应力的横截面。

同样，在产品使用说明书规定外伸长度范围内安装悬挂装置是不存在横梁强度不足问题的。但是，超出产品使用说明书规定的横梁外伸尺寸进行安装，就存在横梁强度不足的问题。

2. 横梁存在侧向弯曲过度甚至失稳的可能性

随着横梁外伸尺寸的增加，其侧向稳定性将大幅度降低，横梁侧向弯曲和失稳的可能性很大。

综上所述，超过产品使用说明书规定的外伸长度尺寸安装悬挂装置时，应对其横梁的强度及侧向稳定性进行专门计算或校核，或通过专业的试验方法来确定其强度和稳定性在安全的范围内，并通过专家论证/评估来进一步把关。

（三）将悬挂装置横梁直接放在女儿墙上存在的危险性

不采取安全措施直接把横梁担在女儿墙上存在如下危险：

1. 女儿墙存在不具备承载能力的危险性

由女儿墙的设计功能所决定，只具备外观装饰功能的女儿墙，毫无强度可言；只具备保护人员安全功能的女儿墙，虽然具有一定强度，但不足以承担高处作业吊篮作业荷载的能力。如果贸然把悬挂装置的横梁直接担在女儿墙上，是非常危险的。

2. 悬挂装置存在侧翻或滑移的危险

不安装前支座直接把横梁担在女儿墙上的现象，在施工现场普遍存在，存在极大危险性。

例如：2000 年 8 月 13 日在华北某高教小区施工现场，一台高处作业吊篮悬挂装置的两根前梁与中梁在连接处折断，连同悬吊平台从大约 15m 高处坠落到二层脚手架上，造成一人死亡，三人重伤。经事故现场勘查发现：

（1）采用 ZLP500 型悬挂装置，混装另一企业制造的 ZLP800 型高处作业吊篮，存在“小马拉大车”的问题；

（2）未安装悬挂装置的前支座，且未采取任何防止横梁侧翻和滑动的措施；

（3）横梁外伸尺寸超出使用说明书的规定；

（4）横梁之间的连接螺栓以小（M8）代大（M12），且用普通螺栓代替高强螺栓，违规安装；

（5）悬挂装置吊点间距与平台吊点间距之差高达 0.65m，为横梁发生扭转提供了横向干扰力；

（6）作业时严重超载，为横梁失稳折断提供了动力。

这是一起典型的多处违章安装造成的高处作业吊篮坠落事故。由此可见，无安全措施，直接把横梁担在女儿墙上具有多大的危险性。

### （四）其他不规范的安装方式存在的潜在危险性

在施工现场还存在着形形色色的不规范的安装方式，都具有潜在的危险性，例如：

1. 加强钢丝绳张紧程度如果不符合产品使用说明书的规定，所存在的危险性。张紧过度可能造成横梁失稳被破坏，而张紧过松则降低了钢丝绳的加强作用，会使横梁受力过大，发生永久变形或断裂。

2. 配重悬挂装置安装后，如果横梁存在水平高度差，那么在悬吊荷载作用下，将产生水平分力。作用在悬挂装置上的水平分力过大时，会使悬挂装置发生水平移动，是一种不稳定因素。因此，需要控制横梁水平高度差，否则将产生较大的水平分力，使悬挂装置的稳定性遭到破坏，可能埋下事故隐患。因此标准规定限制横梁水平高度差应在可控范围内，而且规定只允许横梁前端略高于后端，是为了避免横梁受到朝向建（构）筑物外侧的水平分力。

3. 悬挂装置安装后，如果吊点水平间距与悬吊平台吊点间距的尺寸偏差过大，那么在悬吊平台上升到顶部时，将对悬挂装置的吊点产生很大的横向水平干扰力。在此水平干扰力的作用下，很可能使悬挂装置发生侧翻，引发事故。另规定，只允许悬挂装置吊点的水平间距略大于悬吊平台吊点间距，将有利于悬吊平台上升到顶部附近时，摆臂防倾式安全锁仍可以保持正常工作状态。

4. 配重悬挂装置安装后，如果前支座的上立柱和下支架的中心线未安装在同一铅垂线上，则在加强钢丝绳张紧后，作用在上立柱上的压力不能直接传递到下支架上，而在上立柱与下支架交错安装的横梁上产生剪力和弯矩，使横梁受力恶化。若超出横梁横截面的强度极限，横梁将遭到破坏，将引发事故。

5. 安全钢丝绳若与工作钢丝绳安装在同一悬挂点上，一旦悬挂点发生意外而失效，则安全钢丝绳就起不到安全保护作用，这是在许多事故中反复得到验证的。

6. 在安装时，若把安全绳固定高处作业吊篮的部件上，一旦被栓结的高处作业吊篮部件在事故中发生坠落，那么安全绳也将同时失去有效悬挂点。

7. 钢丝绳和安全绳都必须保证具有足够的安装长度，否则在悬吊平台下降至较低位置时，提升机脱出钢丝绳尾端或自锁器脱出安全绳，将发生平台坠落和人员坠落的危险性。

8. 安装后，必须在安全钢丝绳下端安装质量符合规定的重锤，使安全钢丝绳处于绷直状态。否则在工作钢丝绳失效时，未被绷直的安全钢丝绳是无法触发安全锁的，那么安全锁和安全钢丝绳将无法实现安全保护作用，这也是被许多事故案例所证实的。

9. 安装后的限位挡块，如果不能有效触发行程限位开关或极限限位行程开关，那么限位就是虚设，则无法实现安全保护作用。规定限位装置应与钢丝绳吊点之间保持安全距离，以防止万一失效，留给操作者一定的应急反应时间。

10. 高处作业吊篮标准规定的与高压输电线路保持的安全距离，比起重机械标准规定的安全距离更大的原因是，高处作业吊篮属于靠钢丝绳柔性约束的设备，在安装和使用过程中，在空中存在着很大的晃动量，因此要比刚性约束的起重机械具有更大的触电危险性，对此必须认真对待。

11. 相邻安装的高处作业吊篮，如果悬吊平台端部的水平间距太小，在交错升降时，就有可能发生剐蹭，若操作不当，很可能会发生事故。因此，应在安装时注意保留相邻平台之间的安全距离。

## 五、现场管理的危险源辨识及典型事故案例

安装拆卸施工现场缺乏有效的安全管理，存在各类潜在的危险。

（一）不按规定进行个人安全防护的危险性

安拆人员不按规定佩戴安全带、安全帽、穿防滑鞋和紧身工作服等，存在因安全防护不到位，遭到人身被伤害的危险。

例如：2012年8月10日上午10点左右，在湖南某集团装饰工程有限公司承建的某项目C1地块幕墙工程施工现场，南京某机械设备租赁有限公司杂工邓某（男、23岁、四川富顺人）在9号楼东侧进行吊篮维修工作时，不慎从吊篮中翻出坠落至一层地面（高度约45m），经法医现场确认为当场死亡。

事故直接原因为吊篮下落过程中内侧碰到外脚手架悬挑部位造成倾覆；间接原因为死者邓某在吊篮中进行维修调试工作时未按规定系安全带。

（二）高处安拆作业存在坠物伤人的危险性

违章在楼层边沿堆放物料或物料堆放过高，容易发生人员被砸伤的危险。吊篮作业人员不得将手持工具和零星物件放在工具包内或从高处向下抛撒物料或杂物，存在落物伤人的危险。

例如：2015年4月18日9时，夏某等3人在綦江区红星国际广场工程项目进行吊篮拆除作业，10时11分左右，在楼底作业的张某被上方掉落的钢丝绳击中头部和脸部，经抢救无效死亡。事故直接原因为吊篮拆卸工人在楼顶未观察确认在楼底作业的工人是否撤离到安全位置的情况下，违章将钢丝绳和安全绳从楼顶往下放，导致钢丝绳击中张立的头部、脸部；间接原因为项目部现场管理混乱，未及时纠正工人在同一垂直方向上交叉作业的行为，项目部在拆卸吊篮过程中，未严格按照其制定的《高处作业吊篮安装、拆卸规程》有关规定和要求拆除吊篮。

（三）安拆现场杂乱无章存在事故风险

安装与拆卸施工现场堆物堆料杂乱无章，很可能引发安全事故。

例如：2009 年 8 月 23 日，在某工地，三名工人在 32 层楼顶安装高处作业吊篮时，由于施工现场十分混乱，安装工周某在楼顶边沿处被杂乱放置在楼板上的钢丝绳绊了一下，当即从楼顶坠落，在慌乱中周某一把拽住钢丝绳，从高空坠落至一楼雨棚上，靠钢丝绳和雨棚的缓冲作用才奇迹般保住性命。

（四）安拆现场触及高压线造成严重事故

2006 年 5 月 27 日，在华北某市首旅华远写字楼，某清洁公司的工人从楼顶放钢丝绳准备安装高处作业吊篮清洗外墙玻璃。当钢丝绳从楼顶放下时被大风刮到 110kV 高压线路上，造成该线路跳闸。该事故造成附近变电站全站停电，影响了 57 家高压电用户、6900 多户居民的正常用电，直接经济损失巨大。

（五）安装后不经检查验收存在的事故隐患

高处作业吊篮安装完成后，可能会存在各种各样安装不规范或不到位的风险，因此，不仅需要由安装单位组织相关专业人员进行自检，而且需要委托专业检验单位进行全面检验和组织相关单位进行全面的安全质量验收。在施工现场，安装之后未经检验与验收，在使用阶段发生高处作业吊篮坠落，造成作业人员死亡的安全事故大量存在。

例如：2013 年 3 月 12 日 8 时 56 分左右，深圳某劳务公司项目负责人张某安排油漆工陈某和胡某（均接受过吊篮租赁公司吊篮操作培训并取得上岗证）2 人在某项目 1 号楼北立面外墙 12 层位置的吊篮中进行北立面幕墙支座防锈漆涂刷作业。吊篮东侧的两根钢丝绳（一根牵引绳、一根安全绳）突然断裂，吊篮倾覆，致两名工人从吊篮中坠落，1 名工人由于身背安全带并将安全带扣于生命绳绳上而幸免于难，仅受到了惊吓，另一名工人陈某（男，48 岁）因未将自己吊挂于生命绳上而坠落地面（垂直高度约 60m），后送医院抢救无效死亡。

事故原因分析：直接原因是事发吊篮钢丝绳被电弧灼损，

致钢丝绳承载力急剧下降，吊篮钢丝绳不能承载而突然断裂，且工人陈某在高空作业时未将安全带挂扣在吊篮安全绳上致其从突然倾覆的吊篮内坠落死亡；间接原因是作业人员在作业前未能按照规定对所使用吊篮进行日常检查，吊篮租赁公司维修工未认真履行吊篮日检职责，对吊篮日常检查不到位。

为了杜绝或减少安装与拆卸过程的安全事故，为了避免因安装遗留的安全隐患造成高处作业吊篮使用的安全事故发生，安拆单位应当认真组织做好高处作业吊篮安装作业的前期准备工作，编制专业性和可操作性强的专项安装施工方案有效指导安拆作业；扎实地做好安装拆卸施工前的安全技术交底工作；对安拆人员提出具体的安全技术要求，引导安拆人员遵守安全操作规程，指导安拆人员识别各类危险源的方法；科学合理妥善地处理安装过程出现技术的问题，坚决贯彻执行安装后的自检、专业检查和验收的规定与程序，最终目的是有效避免或杜绝安全事故发生。

## 第二节　掌握常见故障和紧急情况的处置方法

### 一、高处作业吊篮常见故障的原因及排除方法

高处作业吊篮常见故障的原因分析及排除方法见表 12-2-1。

**表 12-2-1　常见故障原因分析及排除方法表**

| 故障现象 | 原因 | 排除方法 |
|---|---|---|
| 工作时<br>总线路跳闸 | 电控箱的上级配电箱<br>采用三相漏电保护器 | 改为四相漏电保护器 |
| 接通电源后<br>电动机不转 | 相序继电器或热继电器<br>动作未复位或损坏 | 查明动作原因后复位或更换 |

续表

| 故障现象 | 原因 | 排除方法 |
| --- | --- | --- |
| 接通电源后电动机不转 | 急停按钮未复位或损坏 | 复位或更换 |
| | 熔断器熔断 | 查明原因，排除短路后更换熔丝 |
| | 启动按钮损坏 | 更换 |
| | 接触器失效或损坏 | 修复或更换 |
| | 电动机或接线问题 | 排除或更换 |
| 提升机不动作或电动机发热、冒烟 | 线路缺相 | 用兆欧表检查与修复 |
| | 制动器间隙过小 | 调整制动器间隙 |
| | 制动器线圈烧坏 | 更换制动器线圈 |
| | 整流模块损坏 | 更换整流模块 |
| | 热继电器失效 | 调整或更换热继电器 |
| 提升机带不动悬吊平台 | 电源电压过低 | 解决供电电源 |
| | 电缆线过细或过长 | 解决电缆电阻过大问题 |
| | 电动机启动力矩过小 | 更换电动机 |
| | 制动器间隙小或未打开 | 调整制动器或接近正常吸合 |
| | 压绳机构杠杆变形 | 矫正压绳机构杠杆或更换 |
| 电动机只响不转 | 电源缺相 | 解决电源问题 |
| | 电动机内部断相 | 更换电动机 |
| | 提升机内部卡住 | 解体排除 |
| 下行正常，无法上升 | 上升按钮失效 | 修复或更换失效的元件 |
| | 上行程限位开关失效 | |
| | 上行接触器失效 | |
| 上升正常，无法下行 | 下降按钮失效 | 修复或更换失效的元件 |
| | 下行接触器失效 | |
| 提升机或电机异常杂音 | 提升机内零部件受损 | 更换损坏零部件 |
| | 电动机轴承损坏 | |

续表

| 故障现象 | 原因 | 排除方法 |
|---|---|---|
| 提升机过热 | 长时间满载或超载运行 | 降低荷载或避免长时间运行 |
| | 润滑不良或缺油 | 补充或更换润滑油 |
| 松开按钮无法停机 | 按钮被卡住 | 按下“急停”按钮断电停机，断电后更换按钮或接触器 |
| | 基础漆主触点黏结 | |
| 断电后提升机下滑 | 制动器制动间隙过大 | 调整电磁制动器间隙，合理间隙应为0.6～0.8mm |
| | 制动器磨损过度 | 更换电磁制动器或摩擦盘 |
| | 钢丝绳表面沾油 | 清除油污 |
| | 绳轮槽磨损过度 | 更换绳轮 |
| | 压绳弹簧过松或损坏 | 调整或更换弹簧 |
| 悬吊平台异常倾斜 | 平台内荷载不均 | 调整平台内荷载 |
| | 两台器升级同步性差 | 更换并选配同步性好的提升机 |
| 行程限位不起作用 | 电源相序错误 | 检查相序继电器 |
| | 未能触碰限位止挡 | 调整行程开关与止挡相互位置 |
| | 限位开关失效 | 更换限位开关 |
| 工作钢丝绳不能穿入提升机或异常磨损 | 钢丝绳端焊接质量差 | 磨光钢丝绳端头焊接部位或重新制作端头 |
| | 支撑组件或压绳机构损坏 | 更换支撑组件、导绳轮或压绳机构 |
| 工作钢丝绳卡绳 | 钢丝绳松股或存在缺陷 | 清理或更换钢丝绳 |
| | 钢丝绳绕绳通道受阻 | 清理绕绳通道或更换损坏零部件 |
| 离心式安全锁不动作 | 离心甩块拉簧过紧 | 调整或更换拉簧，并重新标定 |
| | 测速轮弹簧压力不够 | 更换测速轮弹簧，并重新标定 |
| | 锁内异物堆积过度 | 清除异物，并重新标定 |
| 安全锁锁绳时打滑或锁绳角度偏大 | 安全钢丝绳上有油污 | 清除油污 |
| | 绳夹磨损过度 | 更换绳夹 |

续表

| 故障现象 | 原因 | 排除方法 |
| --- | --- | --- |
| 安全锁锁绳时打滑或锁绳角度偏大 | 安全锁动作迟缓 | 更换安全锁扭簧 |
| | 两套悬挂装置间距过大 | 调整悬挂装置间距 |

## 二、高处作业吊篮紧急情况处置方法

施工过程中会遇到一些突发情况，此时作业人员必须要保持镇静，切忌惊慌失措，应采取合理有效的应急措施，果断排除险情，避免造成生命和财产损失。

### （一）施工中突然断电的应急处置方法

在施工中突然断电时，应立即关闭电控箱的电源总开关，切断电源，防止突然来电时发生意外。然后与地面或附近有关人员联络，判明断电原因，决定是否返回地面。若短时间停电，待接到来电通知后，合上电源总开关，经检查正常后再开始工作。若长时间停电或因本设备故障断电，应及时采取手动方式使悬吊平台平稳滑降至地面或建（构）筑物的固定平台上。此时严禁贸然跨过悬吊平台护栏钻入附近窗口离开悬吊平台，以防不慎坠落造成人身伤害。

当确认手动滑降装置失效时，应与悬吊平台外的人员联络，在采取相应安全措施后，操作人员方可通过附近窗口、洞口或其他部位撤离。

### （二）松开升/降按钮后，不能停止上/下运行的应急处置方法

悬吊平台上升或下降按钮都是电动按钮，在正常情况下，按住上升或下降按钮，悬吊平台向上或向下运行，松开按钮便停止运行。当出现松开按钮但无法停止悬吊平台运行时，应立即按下电控箱上的红色急停按钮，或者立即关闭电源总开关，切断电源，使悬吊平台紧急停止。然后采用手动滑降使悬吊平

台平稳落地。由专业维修人员在地面排除故障后，再继续进行作业。

### （三）在上升或下降过程中悬吊平台倾斜角度过大的应急处置方法

当悬吊平台倾斜角度过大时，应及时停机，将电控箱上的转换开关扳至悬吊平台低端提升机运行挡，然后按上升按钮直至悬吊平台接近水平状态为止，再将转换开关扳回两端同时运行挡，照常进行作业。

如果在上升或下降的单项向全程运行中，悬吊平台需频繁进行上述调整时，应及时将悬吊平台降至地面，检查并调整两端提升电动机的电磁制动器间隙，使之符合产品使用说明书的要求，然后再检测两端提升机的同步性能，若差异仍过大，应更换电动机，选择一对同步性能较好的电动机配对使用。

使用防倾式安全锁的高处作业吊篮，在下降过程中出现低端安全锁经常锁绳时，也可采用上述方法。当悬吊平台调平后，便可自动解除安全锁的锁绳状态。

### （四）工作钢丝绳卡在提升机内的应急处置方法

钢丝绳松股、局部凸起变形或黏结涂料、水泥、胶状物时，均会造成钢丝绳卡在提升机内的严重故障。此时应立即停机，严禁用反复升、降操作来强行排除险情。因为这不但排除不了险情，而且轻则造成提升机损坏，重则切断机内钢丝绳，造成悬吊平台一端坠落，甚至机毁人亡。

发生卡绳故障时，机内人员应保持冷静，在确保安全的前提下撤离悬吊平台，并安排经过专业培训的维修人员进入悬吊平台进行维修。

维修时，首先将故障端的安全钢丝绳缠绕在悬吊平台安装架上，将悬吊平台可靠地固定住，或者，用钢丝绳夹夹紧在安全锁的出绳口处，使安全钢丝绳承受此端悬吊荷载。然后在悬挂装置相应位置重新安装一根钢丝绳，在此钢丝绳上安装一台完好的提升机并升至悬吊平台处，置换故障提升机。再将该端悬吊平台提升 0.5m 左右停止不动，取下安全钢丝绳的绳夹，使其恢复到悬垂状态。然后将悬吊平台降至地面。将提升机解体，取出卡在内部的钢丝绳。最后对提升机进行全面严格的检查和修复，受损零部件必须更换，不得勉强继续使用，以免埋下事故隐患。

（五）一端工作钢丝绳破断、安全锁锁住安全绳的应急处置方法

当一端工作钢丝绳破断，安全锁锁住安全钢丝绳时，可采用上一条所述方法排除险情。但要特别注意，动作要轻、要平稳，避免安全锁受到过大冲击和干扰。

（六）悬吊平台一端悬挂装置失效，只有单点悬挂而直立的应急处置方法

由于一端工作钢丝绳破断，同侧安全锁又失灵或者一侧悬挂装置失去作用，造成一端悬挂失效，仅剩一端悬挂，致使悬吊平台倾翻甚至直立时，作业人员切莫惊慌失措。有安全带挂住的人员应攀到悬吊平台便于蹬踏之处，无安全带的人员，更要紧紧抓牢悬吊平台上一切可抓的部位，然后攀至较有利的位置。此时所有人员都应注意：动作不可过猛，尽量保存体力，等待救援。

救援人员应根据现场情况尽快采取最有效的应急方法，紧张而有序地进行施救。如果附近另有高处作业吊篮，应尽快将其移至离事故吊篮最近的位置，在确认新装高处作业吊篮安装无误、运转正常后（避免忙中出错，造成连带事故），迅速提升悬吊平台到达事故位置，先营救作业人员，然后再排除设备险情。

# 参考文献

[1] 中华人民共和国国务院．建设工程安全生产管理条例：中华人民共和国国务院令第 393 号 [Z].

[2] 中华人民共和国住房和城乡建设部．危险性较大的分部分项工程安全管理规定：中华人民共和国住房和城乡建设部令第 37 号 [Z].

[3] 中华人民共和国人力资源和社会保障部．中华人民共和国职业分类大典：人社部发（2015）76 号 [Z].

[4] 中华人民共和国住房和城乡建设部．建筑施工特种作业人员管理规定的通知：建质〔2008〕75 号 [Z].

[5] 中华人民共和国住房和城乡建设部．住房城乡建设部办公厅关于实施《危险性较大的分部分项工程安全管理规定》有关问题的通知：建办质〔2018〕31 号 [Z].

[6] 全国起重机械标准化技术委员会．塔式起重机安全规程：GB 5144—2006 [S]. 北京：中国标准出版社，2007.

[7] 中华人民共和国应急管理部．坠落防护 安全带：GB 6095—2021 [S]. 北京：中国质检出版社，2021.

[8] 全国升降工作平台标准化技术委员会．高处作业吊篮：GB 19155—2017 [S]. 北京：中国标准出版社，2017.

[9] 全国个体防护装备标准化技术委员会．坠落防护 安全绳：GB 24543—2009 [S]. 北京：中国标准出版社，2010.

[10] 全国起重机械标准化技术委员会．起重机 钢丝绳 保养、维护、检验和报废：GB/T 5972—2016 [S]. 北京：中国标准出版社，2016.

[11] 中国机械工业联合会．钢丝绳铝合金压制接头：GB/T 6946—2008 [S]. 北京：中国标准出版社，2009.

[12] 中华人民共和国建设部．施工现场临时用电安全技术规范：JGJ 46—2005［S］．北京：中国建筑工业出版社，2005.

[13] 中华人民共和国住房和城乡建设部．建筑施工高处作业安全技术规范：JGJ 80—2016［S］．北京：中国建筑工业出版社，2016.

[14] 中华人民共和国工业和信息化部．高处作业吊篮安装、拆卸、使用技术规程：JB/T 11699—2013［S］．北京：机械工业出版社，2014.

[15] 中华人民共和国工业和信息化部．高处作业吊篮用钢丝绳：YB/T 4575—2016［S］．北京：冶金工业出版社，2016.

[16] 那建兴．高处作业吊篮安装拆卸工［M］．北京：中国建材工业出版社，2019.

[17] 江苏省高空机械吊篮协会．高处作业吊篮安装拆卸工［M］．北京：中国建筑工业出版社，2019.

[18] 喻惠业，吴杰主．高处作业吊篮操作工［M］．北京：中国建筑工业出版社，2021.